U0316019

云南澜沧铅矿老厂多金属矿床成矿作用过程与找矿

李 波 著

北 京

冶金工业出版社

2019

内 容 提 要

本书详细介绍了云南澜沧铅矿老厂多金属矿床作用过程与找矿情况，全书共分 8 章，内容包括：绪论，区域地质，矿床地质，围岩蚀变特征，矿床地球化学，成矿年代、成矿系统及成矿动力学背景，成矿过程、成矿规律和找矿方向，结论。

本书可供地质、采矿等专业工程技术人员和科研人员阅读，也可供大专院校有关专业师生参考。

图书在版编目（CIP）数据

云南澜沧铅矿老厂多金属矿床成矿作用过程与找矿／李波著. —北京：冶金工业出版社，2019.5
ISBN 978-7-5024-8080-6

Ⅰ.①云…　Ⅱ.①李…　Ⅲ.①多金属矿床—成矿作用—研究—云南　②多金属矿床—找矿—研究—云南
Ⅳ.①P618.2

中国版本图书馆 CIP 数据核字（2019）第 064674 号

出 版 人　谭学余
地　　　址　北京市东城区嵩祝院北巷 39 号　邮编　100009　电话　(010)64027926
网　　　址　www.cnmip.com.cn　电子信箱　yjcbs@cnmip.com.cn
责任编辑　杨盈园　美术编辑　彭子赫　版式设计　禹　蕊
责任校对　郭惠兰　责任印制　李玉山
ISBN 978-7-5024-8080-6
冶金工业出版社出版发行；各地新华书店经销；三河市双峰印刷装订有限公司印刷
2019 年 5 月第 1 版，2019 年 5 月第 1 次印刷
169mm×239mm；7.75 印张；147 千字；110 页
54.00 元

冶金工业出版社　投稿电话　(010)64027932　投稿信箱　tougao@cnmip.com.cn
冶金工业出版社营销中心　电话　(010)64044283　传真　(010)64027893
冶金工业出版社天猫旗舰店　yjgycbs.tmall.com
（本书如有印装质量问题，本社营销中心负责退换）

前　言

<<<<<<<<<<<<<<<<<<<<<<<<<<<<<<<<<<<<<<<<<<<<<<<<<<<<<<<<

　　本书内容所涉及的研究得益于"云南老厂银铅锌多金属矿床成矿年代学和成矿机理研究"国家自然科学基金的支持，项目的实施得到云南澜沧铅矿有限公司的大力支持，项目实施中的测试技术、理论指导得到中国科学院贵阳地球化学研究所的大力支持。项目实施情况和取得的成果如下。

一、研究计划要点及执行情况概述

　　"滇西老厂银铅锌多金属矿床成矿年代学和成矿机理研究"研究计划的要点是以该矿床两套成矿系统为对象，根据矿床地质特征、主要控矿因素和成矿规律，利用 Cameca 锆石 U-Pb 确定矿区火山岩和花岗斑岩成岩时代，采用闪锌矿和石英 Rb-Sr 等时线法、单颗粒闪锌矿 Rb-Sr 等时线法、方解石 Sm-Nd 等时线法以及辉钼矿 Re-Os 等时线法等精确测定不同成矿系统矿体群的成矿时代，结合系统的矿床地球化学分析测试资料，从成矿物质来源、成矿流体来源以及岩浆活动与成矿等方面揭示矿床成矿机理，建立切合实际的成矿模式。项目实施期间，综合收集整理了前人对老厂矿床进行的所有测年结果。

　　通过分析整理确定补充测试分析方法和测试内容。项目组野外考察和样品采集达到 13 次，累计时间超过 10 个月，采集样品 800 余件，挑选单矿物 210 余个，测定硫化物（闪锌矿、方铅矿、黄铁矿和含铜黄铁矿）Re 含量 74 个，大部分硫化物 Re 含量较低，达不到测试要求，最终选择 15 件硫化物单矿物开展 Re-Os 同位素分析，及挑选 1 件辉钼矿用于 Re-Os 同位素分析；此外，完成了 200 件硫化物的硫同位素分析和 7 件硫化物的 Rb-Sr 同位素分析，并补充开展了其他同位素和流体包裹体分析。从 2011～2015 年本项目执行期间，项目组按照

"国家自然科学基金资助项目计划书"设计的内容进行研究，对少数研究内容进行了局部调整，总体研究成果比较好，达到了预期研究目标。研究成果已发表核心期刊论文 2 篇、SCI 论文 3 篇；本项目还培养了硕士研究生 4 名。此外，为便于对比和总结成矿规律，还开展了三江成矿带中南部香格里拉安乐铅锌矿及四川宁南县银厂沟等川滇黔地区典型矿床硫化物的成矿机理研究。

二、研究工作主要进展和所取得的成果

（1）为判断是否需要开展硫化物 Re-Os 同位素年代学研究，初步查明了澜沧老厂硫化物（闪锌矿、方铅矿、黄铁矿和含铜黄铁矿）Re 含量在开展硫化物 Re-Os 同位素年代学研究前，对老厂矿床三维空间不同产状的 74 件硫化物展开了 Re 含量的草测。结果可见，全部样品的 Re 含量变化范围较大，为 0.06~37.09ng/g。含量大于 1ng/g 的样品有 30 件，含量大于 2ng/g 的样品有 18 件。Re 含量相对较高的样品主要为闪锌矿，且分布在 1800m 中段以上，赋存于凝灰岩中，矿体呈似层状或透镜状产出，Pb+Zn 品位超过 15%，闪锌矿颜色较深。研究表明，Re 含量可以示踪物源，澜沧老厂硫化物 Re 含量具有较宽的变化范围，可能暗示其源较为复杂，既有幔源又有壳源，其中幔源可能与基性火山作用有关，并受壳源与酸性岩浆作用叠加改造或沉积岩的影响。

（2）获得了澜沧老厂硫化物（闪锌矿和方铅矿）Re-Os 等时线年龄。在矿物学和 Re 含量草测基础上，选择 10 件达到测试要求的硫化物开展了 Re-Os 同位素分析，其中 9 件闪锌矿、1 件方铅矿。闪锌矿和方铅矿样品取自 1800m 中段以上，产于凝灰岩中的似层状或透镜状铅锌矿床体。所分析的闪锌矿和方铅矿，其 Re 含量变化范围为 1.85~40.7ng/g，普通 Os 含量范围为 16.7~136pg/g，属于典型低含量高放射性成因（LLHR）Os 硫化物。全部样品给出等时线年龄为（308±25）Ma。

（3）初步开展了含铜黄铁矿 Re-Os 同位素定年研究。含铜黄铁矿样品采自 1625~1650m 中段构造控制的脉状铜铅锌矿体。所分析的含铜黄铁矿，其 Re-Os 模式年龄变化较大，范围为 44.1~284Ma，最大年龄记录了火山作用时代，最小年龄记录了斑岩活动时代，中间年龄是二者混合的结果。

（4）共享了贵阳地化所开展的斑岩锆石 U-Pb 定年研究成果。在项目研究前及其同时，昆明理工大学李峰等（2010）报道了斑岩铜钼矿体中辉钼矿的 Re-Os 等时线年龄为（43.78±0.78）Ma（$n=6$）。贵阳地化所周家喜等获得新的辉钼矿 Re-Os 等时线年龄为（43.0±1.2）Ma，加强平均年龄为（44.26±0.21）Ma。李峰等（2010）报道了斑岩锆石 U-Pb 年龄为（44.1±1.1）Ma（$n=6$），周家喜等补充开展了斑岩锆石 U-Pb 定年。本次完成 12 个测点，获得的谐和年龄和加强平均年龄一致，均为 44.61Ma。

（5）系统的硫同位素组成分析。前人虽然研究了矿床的硫同位素组成，但样品分散，代表性不足。本次系统采集了 160 件矿床三维空间不同产状硫化物单矿物，开展了系统的硫同位素组成分析。由统计结果可见全部硫化物硫同位素组成变化范围在 −4‰~+4‰，与斑岩硫同位素组成不同，与幔源硫同位素组成（−3‰~+3‰）接近。硫同位素分析结果显示，澜沧老厂矿床硫同位素主要来自深源岩浆，特别是幔源岩浆起到了关键作用。

（6）对矿床成因进行了综合研究。随着深部的与隐伏花岗斑岩有关 Cu、Mo 矿体的发现，李峰等（2010）认为矿床系双成矿系统成矿作用叠加的产物，即上部为海西期（早石炭世）火山喷流沉积成矿系统，主要成矿元素为 Ag、Pb、Zn；下部为喜山期（始新世）隐伏花岗斑岩成矿系统，主要成矿元素为 Cu、Mo。由于缺乏上部 Ag-Pb-Zn 矿体准确可靠的成矿时代资料，该成矿模式也缺乏强有力的说服力。

通过本次研究成果：火山岩的年龄为（323.6±2.8）Ma，花岗斑岩的年龄为（44.6±1.1）Ma，辉钼矿成矿年龄为（43.78±0.78）Ma；铅锌矿体分为两部分，顶部1930中段成矿年龄为（308±25）Ma，1725中段成矿年龄为（45.0±3.6）Ma；获得深部（1625m中段）似层状铅锌矿体（含大量含铜黄铁矿）模式年龄为30.5Ma，单一年龄从300多Ma到30多Ma。故认为老厂矿床存在两套成矿系统叠加的成矿模式，主要是由早石炭世火山喷流沉积及热液沉积有关的成矿系统与始新世花岗斑岩有关的成矿系统成矿。与以前的成矿模式进行对比，本次研究的突破是，确定了早石炭世的成矿，主要成矿元素为 Ag、Pb、Zn，火山喷流沉积主要于下石炭统依柳组内，而后又存在热液成矿作用，主要存在于中上石炭统碳酸盐岩内；也肯定了斑岩成矿系统的存在，在喜马拉雅期造山运动中，花岗斑岩侵入，认为斑岩成矿系统的成矿元素为 Pb、Zn、Cu、Mo，其中此类铅锌矿主要产于矽卡岩带以上，铜钼矿主要产于矽卡岩带及花岗斑岩脉内。

因此，本次研究为双成矿系统（即两次成矿地质作用）提供了强有力的说服力，建立了两次成矿作用模式：海西期（早石炭世）火山喷流沉积成矿系统，即海西期（早石炭世）火山成矿地质作用；喜山期（始新世）隐伏花岗斑岩成矿系统，即喜山期（始新世）隐伏花岗斑岩侵入成矿地质作用。根据后者——喜山期（始新世）隐伏花岗斑岩侵入成矿地质作用的理论指导，在位于老厂矿区东南端10KM的大黑山目前发现了岩浆热液铅锌银多金属矿床，可望勘探到中到大型矿床。

"滇西老厂银铅锌多金属矿床成矿年代学和成矿机理研究"项目是2011年国家自然科学基金资助的地区基金项目（41163001），项目由昆明理工大学李波教授牵头和所带的部分研究生完成。滇西老厂在云南澜沧县就是澜沧铅矿的矿山所在地，故为了切合当地习惯作者就将书名改为《云南澜沧铅矿老厂多金属矿床成矿作用过程与找矿》。本书是在以上研究项目基础上编撰而成的，并参考了国内外有关文献资料，在此对支持单位和参考文献作者表示衷心的感谢。由于作者水平有限，书中不妥之处，欢迎读者批评指正。

作　者

2018 年 12 月于昆明

目　　录

1　绪论 ·· 1

　1.1　研究区概况 ··· 1

　1.2　研究现状及存在问题 ·· 2

　1.3　研究目标及内容 ··· 2

　　1.3.1　研究目标 ··· 3

　　1.3.2　研究内容 ··· 3

　1.4　实物工作 ·· 5

　1.5　主要测试方法 ·· 6

2　区域地质 ·· 9

　2.1　大地构造背景 ·· 9

　2.2　地层 ··· 10

　　2.2.1　晚古生界 ·· 10

　　2.2.2　中生界 ··· 11

　　2.2.3　新生界 ··· 12

　2.3　构造 ··· 12

　　2.3.1　褶皱 ·· 12

　　2.3.2　断层 ·· 12

　2.4　岩浆岩 ··· 12

　2.5　区域地球物理 ·· 12

　2.6　区域地球化学 ·· 14

　2.7　区域矿产 ·· 15

3　矿床地质 ·· 17

　3.1　地层 ··· 17

　3.2　构造 ··· 20

　　3.2.1　褶皱 ·· 20

　　3.2.2　断层 ·· 20

3.3　岩浆岩 ……………………………………………………………… 22

3.4　变质岩 ……………………………………………………………… 22

3.5　矿体地质 …………………………………………………………… 22

　　3.5.1　矿体特征 ……………………………………………………… 22

　　3.5.2　矿石特征 ……………………………………………………… 26

3.6　围岩蚀变 …………………………………………………………… 30

　　3.6.1　与火山喷流作用有关的热液蚀变 …………………………… 30

　　3.6.2　与隐伏花岗斑岩有关的热液蚀变 …………………………… 30

4　围岩蚀变特征 …………………………………………………………… 32

4.1　矽卡岩 ……………………………………………………………… 37

　　4.1.1　矽卡岩矿物特征 ……………………………………………… 37

　　4.1.2　形成环境 ……………………………………………………… 42

4.2　青盘岩 ……………………………………………………………… 43

　　4.2.1　含黄铁矿绢云母绿泥石青盘岩 ……………………………… 43

　　4.2.2　含钙铁榴石绢云母绿泥石青盘岩 …………………………… 45

4.3　黄铁绢英岩 ………………………………………………………… 46

4.4　蚀变岩及其原岩 …………………………………………………… 48

4.5　蚀变岩元素质量平衡 ……………………………………………… 50

　　4.5.1　元素质量平衡方法介绍 ……………………………………… 50

　　4.5.2　元素质量迁移定量计算 ……………………………………… 51

　　4.5.3　元素质量迁移特征 …………………………………………… 53

　　4.5.4　元素质量迁移特征解析 ……………………………………… 59

5　矿床地球化学 …………………………………………………………… 61

5.1　岩石成矿元素地球化学 …………………………………………… 61

5.2　矿石矿物微量元素地球化学特征 ………………………………… 63

　　5.2.1　黄铁矿的微量元素地球化学特征 …………………………… 63

　　5.2.2　方铅矿的微量元素地球化学特征 …………………………… 72

　　5.2.3　闪锌矿的微量元素地球化学特征 …………………………… 72

5.3　矿石稀土元素地球化学特征 ……………………………………… 73

5.4　硫同位素 …………………………………………………………… 82

5.5　其他同位素 ………………………………………………………… 84

6 成矿年代、成矿系统及成矿动力学背景 ················· 85

  6.1 以往年代学研究 ································· 85

  6.2 实验流程及结果 ································· 86

    6.2.1 火山岩年代学研究 ························· 86

    6.2.2 花岗斑岩及辉钼矿年代学研究 ················· 87

    6.2.3 铅锌矿年代学研究 ························· 88

  6.3 成矿时代 ··································· 93

  6.4 成矿系统及成矿动力学背景 ····················· 93

    6.4.1 成矿系统的认定 ·························· 93

    6.4.2 成矿动力学背景 ·························· 94

7 成矿过程、成矿规律和找矿方向 ··················· 97

  7.1 VMS 成矿模型 ······························· 97

  7.2 斑岩成矿模型 ······························· 98

  7.3 找矿方向 ··································· 98

    7.3.1 找火山成矿地质作用形成的矿体 ··············· 98

    7.3.2 找斑岩侵入成矿地质作用形成的矿体 ············· 99

8 结论 ······································· 101

参考文献 ····································· 103

1 绪   论

1.1 研究区概况

　　滇西老厂大型银铅锌多金属矿床（以下简称"老厂矿床"）就是云南澜沧铅矿在老厂开采的矿山，地处云南省澜沧县城北西约15km。矿区北部有澜沧县-竹塘-西盟县级公路通过，从澜沧经普洱、玉溪至昆明，公路里程约600km，交通便利（图1-1）。行政区划隶属于云南省普洱市澜沧县竹塘乡，区内人口稀少，

—— 国道	—— 高速公路
—— 省道	—— 铁路

图 1-1 澜沧老厂矿区交通位置图

主要以拉祜族、傣族为主，其余有汉族、佤族等。主要经济作物为旱稻、玉米，属经济欠发达的贫困山区。

　　云南澜沧铅矿有限公司的前身于 1955 年 1 月经国务院批准在澜沧县募乃老厂成立。公司经过 60 多年的建设发展，目前已成为滇西南地区最大的一家集采选冶一体的有色金属矿冶企业。到 2011 年末，公司资产总额 8.9 亿元，企业占地面积 930ha。企业的年生产能力为铅锌采矿 40 万吨、铅锌选矿 36 万吨、电锌 2 万吨、电铅 2 万吨、白银 30t、电炉锌粉 1000t、氧化锌粉 2000t、褐煤 12 万吨。通过实施老厂危机矿山接替资源勘查和南部铜钼资源勘查等项目，新增资源量：铅锌金属量 38.76 万吨、银金属 483t、铜 11.7 万吨；在矿山深部新发现了厚大钼矿体，钼矿资源储量有望达到超大型规模，钼金属远景储量预计可达 50 万吨以上，钼矿资源潜在价值预计千亿元以上。

1.2　研究现状及存在问题

　　老厂矿床的采冶始于明末永乐二年（1404 年），开采历史悠久，至今已有近 600 多年的历史，以其独特的成矿地质条件、成矿元素多（Pb、Zn、Ag 和 S 均达大型规模，Cu 达中型规模，深部发现巨厚 Mo 矿体，Au 也圈出了独立矿体，可综合利用的元素有 Mn、Ga、Cd、In、W、Sn、Bi、Te 等）、富银（铅锌矿石中平均含量为 285×10^{-6}，方铅矿中平均 2259×10^{-6}）等特征而受到广大地质工作者的关注。国内外许多单位和学者先后对该矿床进行过研究，文献众多，在矿区岩浆岩与构造环境、矿床地质及控矿因素、成矿物质和成矿流体来源与演化、成岩成矿时代、矿床类型及成因等方面都取得一些研究成果。目前，老厂银铅锌多金属矿床随开采深度的增加，矿床特征变化较大，蚀变类型增多、矿化类型复杂，对矿床成因的认识有分歧，并存在许多亟待解决的科学问题，主要表现在：（1）浅部 Ag-Pb-Zn 矿体研究程度较高，深部 Cu-Mo 矿体研究程度很低；（2）浅部 Ag-Pb-Zn 矿体缺乏精确可靠成矿年代学资料，制约了成矿动力学背景以及不同矿化类型成因联系的深入探讨；（3）不同矿化类型成矿作用过程缺乏精细刻画，影响了成矿系统、矿床类型的确定和成矿机制的认识；（4）成矿模型和找矿模型尚需完善，找矿方向不够明确，成矿预测有待加强。解决这些重要的科学问题，对深化认识老厂银铅锌多金属矿床成矿的规律、建立切合实际的成矿模型和找矿模型、指导成矿预测、实现找矿重大突破，均具有重要的科学和实际意义。

1.3　研究目标及内容

　　针对老厂银铅锌多金属矿床成矿规律和成矿预测研究存在的科学问题，该项目旨在建立和完善该矿床的成矿模型和找矿模型，力争在该矿床成矿理论方面有重要创新、在找矿方向方面有重大进展。

1.3.1　研究目标

　　将老厂银铅锌多金属矿床浅部 Ag-Pb-Zn 和深部 Cu-Mo 矿化视为统一体系，在重新梳理矿山地质工作者长期积累的实际资料、前人研究成果和深入细致的野外地质观察基础上，进行成矿年代学、矿床地质、矿床地球化学及比较矿床学研究，同时对矿区隐伏花岗斑岩进行系统岩相学、年代学、矿物学、地球化学和成因岩石学研究，结合矿区火山岩研究成果，分析成矿动力学背景和成矿条件、查明主要控矿因素、揭示岩浆岩与成矿的关系、精细刻画成矿作用过程及矿化元素共生分异机制、总结成矿规律、提炼关键找矿标志、建立切合实际的成矿模型和找矿模型、确定找矿方向，力争在成矿理论方面有重要创新、在找矿方向方面有重大进展。

1.3.2　研究内容

　　（1）成矿地质背景研究。前人对"三江"成矿带区域构造、岩浆活动、沉积建造、岩相古地理、遥感影像、地球物理、地球化学以及矿产分布等做了大量研究工作。此次工作拟充分利用这些研究成果，结合区域野外地质考察及区域岩浆岩精确定年资料，分析区域构造配置、规模、力学性质及相对应的构造–岩浆–热事件，在此基础上总结老厂银铅锌多金属矿床区域地质构造演化规律，分析区域地质构造对银铅锌矿床空间分布的制约，确立矿床（和矿带）形成的特定地质背景。为揭示矿床成矿动力学背景奠定基础。

　　（2）矿床地质研究。前人已对老厂银铅锌多金属矿床构造、地层和岩浆岩以及浅部 Ag-Pb-Zn 矿体进行了详细研究，矿山开发过程中也积累了丰富的实际资料。此次工作拟在梳理这些资料和研究成果基础上，以深部 Cu-Mo 矿化为重点，对现有勘探工程、开拓工程和采矿工程深入详细进行地质观察，结合室内镜下鉴定和电子探针分析，研究各不同矿化类型与构造、地层和岩浆岩的关系及共生分异规律，矿石的物质成分、结构构造、矿物共生组合及成分变化，围岩蚀变类型、空间分布、矿物组合及其与矿化的共伴生关系，为成矿年代学、成矿过程、成矿规律和找矿方向研究提供基础地质资料。

　　（3）成矿年代学研究。前人已获得老厂银铅锌多金属矿床火山岩、隐伏花岗斑岩和深部 Mo 矿化的成岩成矿年龄，申请者课题组也在该地进行过方解石 Sm-Nd、闪锌矿和黄铁矿 Rb-Sr 等时线定年，但均未成功。此次工作拟在矿床地质、矿相学、流体包裹体和矿床地球化学研究基础上，重点开展该区浅部 Ag-Pb-Zn 矿体和含 Cu 黄铁矿体不同矿化类型闪锌矿、含 Cu 黄铁矿和方铅矿 Re-Os 等时线定年研究，以期获得矿床系统的精确定年结果，为查明成矿动力学背景、揭示成矿作用过程、总结成矿规律、预测找矿方向提供年代学约束。

（4）岩浆岩成因及其成矿关系研究。前人已对老厂银铅锌多金属矿床火山岩进行了较为系统的年代学、岩相学和地球化学研究，在岩石成因与演化、成岩构造环境以及与成矿的关系等方面都取得一些研究进展。此次工作重点开展该区隐伏花岗斑岩系统的年代学、岩相学和地球化学研究，结合与"三江"成矿带新生代碰撞造山作用大型—超大型 Cu-Au-Mo 矿化有关的富碱侵入岩进行对比研究，揭示其岩石成因及演化、成岩构造环境及其与深部 Cu-Mo 矿化和浅部 Ag-Pb-Zn 矿化的成因联系。

（5）矿床地球化学研究。前人已对老厂银铅锌多金属矿床浅部 Ag-Pb-Zn 矿体进行了较为系统的矿床地球化学研究，在查明成矿物理化学条件、揭示成矿物质和成矿流体来源以及与火山岩成因联系等方面也取得一些研究成果。此次工作在按矿化类型梳理这些分析资料和研究成果基础上，以深部 Cu-Mo 矿化为重点，通过对透明矿物（主要为石英、少量方解石）和不透明矿物（主要为闪锌矿）进行流体包裹体地球化学研究，查明成矿区成矿的温度、压力、盐度、pH 值、硫逸度等条件，以及成矿流体的性质与演化特征；通过对主要元素、微量元素、稀土元素和成矿元素以及 Pb、Sr、Zn 和 C、H、O、S、He 同位素组成的研究，从成矿物质来源、成矿流体来源及演化，成矿元素活化、迁移、聚集及共生分异机制，岩浆活动与成矿作用的内在联系等方面，精细刻画该区成矿作用过程。

（6）资源综合利用基础研究。老厂银铅锌多金属矿床矿化元素极为丰富，其 Pb、Zn、Ag 和 S 均达大型规模，Cu 达中型规模，深入发现巨厚 Mo 矿体，Au 也圈出了独立矿体，伴生可综合利用的元素有 Mn、Ga、Cd、In、W、Sn、Bi、Te、Re 等。这些伴生元素不仅具有很高的经济价值，同时对确定矿床成因类型、指示矿床成因信息和找矿方向也有重要作用。前人对本区伴生元素分布规律、赋存状态、资源评价以及提供的矿床成因信息和找矿方向等方面研究程度很低，严重影响了企业对资源综合利用的决策和经济效益的提升，同时也制约了成矿规律和找矿方向的研究。

（7）找矿模型和找矿方向研究。前人通过对老厂银铅锌多金属矿床浅部 Ag-Pb-Zn 矿体控矿因素及成矿规律研究，总结出了地层、构造、岩浆岩及围岩蚀变等方面的找矿标志，初步建立了找矿模型，将该区下石炭统火山—沉积岩和中上石炭统碳酸盐中的层状矿体视为重要找矿方向。随着矿床研究工作的不断深入，尤其是深部发现与隐伏花岗斑岩有关的巨厚 Mo 矿化，这些找矿标志、找矿模型和找矿方向都需要补充、修改和完善。此次工作拟在系统进行矿床地质和成矿理论研究的基础上，总结成矿规律、查明主要控矿因素、提炼关键找矿标志，同时开展控矿构造配置、矿床形成深度、矿物-元素-蚀变垂直分带、成矿物理化学界面等方面的研究，揭示矿体深部精细结构与空间分布的耦合关系，可以反映深部矿化规律的立体式矿床成矿模型和找矿模型，确定找矿方向。

1.4 实物工作

完成实物工作量见表 1-1。

表 1-1 实物完成工作量一览表

序号	工作内容	单位	工作量	完成单位
1	中文文献收集	篇	>120	昆明理工大学、中国科学院地球化学研究所
2	外文文献收集	篇	>35	昆明理工大学、中国科学院地球化学研究所
3	野外考察	月	6	云南澜沧铅矿有限公司、昆明理工大学、中国科学院地球化学研究所
4	野外照片	张	800	云南澜沧铅矿有限公司、昆明理工大学、中国科学院地球化学研究所
5	平面图、中段图、剖面图修正	幅	54	云南澜沧铅矿有限公司、昆明理工大学、中国科学院地球化学研究所
6	坑道实测剖面	m	1500	云南澜沧铅矿有限公司、昆明理工大学、中国科学院地球化学研究所
7	地质调查路线	km	12	云南澜沧铅矿有限公司、昆明理工大学、中国科学院地球化学研究所
8	样品采集	件	356	云南澜沧铅矿有限公司、昆明理工大学、中国科学院地球化学研究所
9	光薄片磨制及鉴定	片	130	昆明理工大学、中国科学院地球化学研究所
10	电子探针测试	件	4	昆明理工大学、中国科学院地球化学研究所
11	显微照片	张	700	昆明理工大学、中国科学院地球化学研究所
12	碎样、挑样	件	120	昆明理工大学、中国科学院地球化学研究所
13	单矿物挑选	件	136	昆明理工大学、中国科学院地球化学研究所
14	微量元素分析	件	100	昆明理工大学、中国科学院地球化学研究所
15	S 同位素	件	120	昆明理工大学、中国科学院地球化学研究所
16	测年	件	123	昆明理工大学、中国科学院地球化学研究所

续表 1-1

序号	工作内容	单位	工作量	完成单位
17	岩石主量元素分析	件	15	昆明理工大学
18	岩石微量、稀土分析	件	63	昆明理工大学
19	单矿物挑选	件	200	昆明理工大学、中国科学院地球化学研究所
20	微量元素分析	件	110	昆明理工大学、中国科学院地球化学研究所
21	S 同位素	件	18	昆明理工大学、中国科学院地球化学研究所

1.5 主要测试方法

（1）电子探针。电子探针分析在中国科学院地球化学研究所矿床地球化学国家重点实验室 40 电子探针实验室 EPMA-1600 型电子探针仪上完成。首先在显微镜下仔细观察、照相，确定岩（矿）石矿物组成、结构构造、蚀变特征；再对光片进行喷碳制样，上探针仪做矿物的化学成分分析。测试条件：加速电压 25kV，电流 4.5nA，电子束束斑直径 d 小于 $1\mu m$。

（2）微量元素（含成矿元素和稀土元素）。部分样品在中国科学院地球化学研究所矿床地球化学国家重点实验室漆亮研究员指导下完成，微量元素分析实验具体过程如下：准确称取 50mg 样品（200 目以下），反复去 SiO_2。加入 2mL 硝酸、$5mLH_2O$ 和 $1mL1\mu gmL_{-1}Rh$ 的内标溶液，在约 130℃加热 4h 左右，冷却后，离心，并加 H_2O 稀释到 50mL 定容待测。分析过程中的标样是国内标样 GSR-5，精度 5%。

部分微量元素测定由澳实分析检测（广州）有限公司完成。样品溶解过程：称取适量（约 50mg）200 目样品置于带不锈钢外套的密封样装置中，加入适量 HF，在电热板上蒸干以去掉大部分 SiO_2，再加入适量相应比例 HF 和 HNO_3，盖上盖，在烘箱中于 200℃分解 12h 以上，取出冷却后，放置在电热板上低温蒸至近干，再加入适量 HNO_3 再蒸干，重复一次；最后加入适量 HNO_3 和水，重新盖上盖子，于 130℃溶解残渣 3h，再取出，冷却后加入 500ng Rh 内标溶液，转移至 50mL 离心管中，备上 ICP-MS 测定。具体分析过程也可参见相关文献，使用的仪器均为德国 Finnigan MAT 公司高分辨率电感耦合等离子体质谱（ICP-MS）。分析误差优于 10%，绝大部分优于 5%。

（3）C-O 同位素。方解石样品的碳、氧同位素组成测定在中国地质科学院矿产资源研究所国土资源部同位素实验室完成。分析采用 100%磷酸法，具体样品制备与分析流程：称取 30mg 样品置于反应管中，并注入 4mL 100%正磷酸，抽真空 2h，稳定在 1.0Pa，待试样与磷酸充分混合后，将反应管置于恒温（(25±1)℃）水浴中 5～6h，再用液氮吸收 CO_2 气体，经纯化后的 CO_2 气体在德国 Finnigan 公司 MAT-251EM 型质谱仪上进行碳、氧同位素组成测定。分析精密度（2σ）优于 0.2‰。所有分析结果 $\delta_{13}C$ 以 PDB 为标准，$\delta_{18}O$ 以 SMOW 为标准。

（4）S 同位素。硫同位素组成分析在中国科学院地球化学研究所环境地球化学国家重点实验室采用 EA-IRMS 法在连续流质谱仪上完成。称取硫 70μg 样品（具体视单矿物中硫含量确定具体称样量），用锡杯包裹紧密，置于 EA 中，样品落入 EA 反应炉，瞬间燃烧分解成 SO_2，反应过程加入氧气助燃，用氦气吹扫 SO_2 进入质谱，然后测定 $\delta_{34}S$，分析过程中加入内标控制数据准确度，样品至少平行测定 2 次以保证精度达到指标。该方法用国标 GBW04415 和 04414 Ag_2S 做内标，以 CDT 为标准，分析精度±0.2‰（2σ）。

（5）Pb 同位素。样品测试在核工业北京地质研究院分析测试研究中心进行，分析流程如下：1）称取适量样品放入聚四氟乙烯坩埚中，加入氢氟酸中、高氯酸溶样。样品分解后，将其蒸干，再加入盐酸溶解蒸干，加入 0.5N HBr 溶液溶解样品进行铅的分离。2）将溶解的样品倒入预先处理好的强碱性阴离子交换树脂中进行铅的分离，用 0.5N HBr 溶液淋洗树脂，再用 2N HCl 溶液淋洗树脂，最后用 6N HCl 溶液解脱，将解脱溶液蒸干备质谱测定。3）用热表面电离质谱法进行铅同位素测量，仪器型号为 ISOPROBE-T，对 1μg 的铅 $^{208}Pb/^{206}Pb$ 测量精度 ≤ 0.005%，NBS981 标准值（2δ）：$^{208}Pb/^{206}Pb = 2.1681 \pm 0.0008$，$^{207}Pb/^{206}Pb = 0.91464 \pm 0.00033$，$^{204}Pb/^{206}Pb = 0.059042 \pm 0.000037$。

（6）Rb-Sr 同位素。在中国科学院地质与地球物理研究所超净实验室进行，分析方法相似。每次称取 50mg 样品，在加入适量 Rb-Sr 稀释剂后，加入 HF 和 $HClO_4$，拧紧 TEFLON 溶样罐，放在电热板上调温至 150℃，加热 5d。样品蒸干后加入 6N 盐酸 1mL，再次蒸干，加入 2.5N 盐酸 1mL 放置过夜。将样品溶液移至离心管中，5000r/min 条件下离心 10min。选用 AGW50×12（H）型树脂，100～200 目。用于分离 Rb-Sr，将接收的 Rb、Sr 蒸干。采用双灯丝热表面电离源，测定过程如下：

将化学分离所得的 Sr 样品用 6N 硝酸 2μL 溶样，涂于已高温去气的蒸发带（Ta）上低温蒸干。对于 Rb 用 100μL6N 的盐酸溶样，取 1μL 在已高温去气的蒸发带（Ta）上低温蒸干。将装好样品带的样品盘置入质谱计中，当离子源真空优于 2×10^{-7}Mbar 时，开始给样品带及电离带升温，当离子流强度达到一定强度时开始测量。每次至少采集 10 组数据作平均，经过质量检视校正和干扰元素的扣除可得样品的真实比值。化学分析在净化实验室的超净工作台内完成，实验全流程空白 Rb = 50×10^{-11}、Sr = 50×10^{-11}，同位素测试均在 VG354 固体同位素质谱计上进行。分析标样 NBS987 的 $^{87}Sr/^{86}Sr = 0.710221 \pm 13$。

（7）黄铁矿 Re-Os。双目镜下挑取纯度达到 99%以上的黄铁矿，1）溶解样品；2）Re-Os 同位素分离及纯化；3）Re-Os 同位素的质谱测定方法：负离子热电离质谱方法（N-TIMS）。通过单接收电感耦合等离子体质谱（ICP-MS），Le、Os 同位素组成分析是在中国科学院地球化学研究所环境地球化学国家重点实验室 CF-IRMS 连续流质谱仪上完成。

2 区域地质

2.1 大地构造背景

　　老厂矿区位于昌宁—孟连裂谷带南段的黑河断裂与昌宁—双江断裂交汇处附近（图2-1），是多种地质构造环境叠替演变的地区，同时也是三江成矿带重要的大型银铅锌多金属矿床之一，主要构造近南北向。

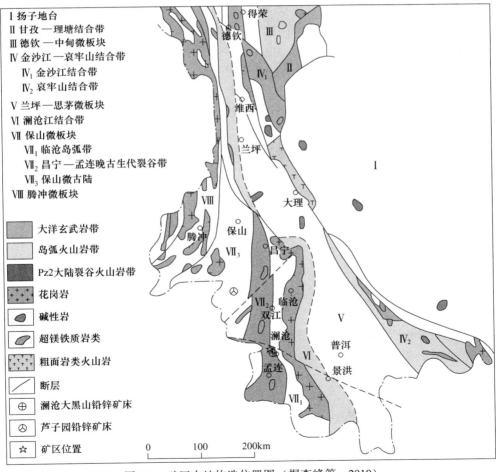

图 2-1　矿区大地构造位置图（据李峰等，2010）

古特提斯洋自早石炭世开始打开，形成3个主支（修沟—玛沁洋、金沙江—哀牢山洋、澜沧江—昌宁孟连洋），至早二叠世扩张到最大规模后开始俯冲消减，逐渐缩小，至晚三叠世末—早侏罗世初洋盆闭合，使冈瓦纳古陆的前缘与劳亚古陆的前缘发生碰撞。大致在晚三叠世或更早，新特提斯洋两支同时打开，并大致于早—中侏罗世之交扩张到最大规模，然后开始削减、缩小。北支班公湖—怒江洋在早白垩世末到晚白垩世（即大致在100~80Ma）闭合，完成拉萨地块与羌塘地块的碰撞拼合过程。

晚古生代以来，矿区构造环境历经三次重大的转变与演化：大陆裂谷期（D-P）→区域断块隆升与断陷期或滇西特提斯开启与闭合期（T-K）→陆内碰撞造山期（Kz）。

昌宁—孟宁裂谷带，南北长大于320km，宽约15~50km，北窄南宽。其基底为中-新元古代变质岩系，主要岩性为绢云母石英片岩、绿泥石石英片岩、变基性-中基性火山岩及菱铁矿层。裂谷自泥盆纪开始扩张裂陷，连续沉积整套上古生界地层，总厚度大于15000m。上古生界之上不整合覆盖侏罗-白垩系地层。裂谷由下至上出露的地层有：（1）泥盆系（D）；（2）下石炭统（C_1）：可细分为依柳组（C_1y）和南段群（C_1n）；（3）中上石炭统（D_{2+3}）；（4）下二叠统（P_1）；（5）侏罗系—白垩系（J-K）。区内不同时代的地层呈近南北向展布，总体构成一个近南北向大型地垒系。

2.2 地层

该区域内出露的地层主要为晚古生界和中生界地层，两者之间以断层形式接触。其中晚古生界出露的地层为泥盆系、石炭系和二叠系地层；中古生界出露的地层为侏罗系和白垩系地层（图2-2）。

2.2.1 晚古生界

2.2.1.1 泥盆系

泥盆系分布于矿区的西部及南部地区，呈近南北向展布，主要为下泥盆统腊垒组（砂页岩、粉砂岩夹砂质板岩）和中上泥盆统（硅质岩夹硅质页岩、砂岩）。

2.2.1.2 石炭系

石炭系分布于矿区的中部、西部、东部、北东部及南东部地区，呈北北西—南南东向展布，主要为下石炭统南段群（长石石英砂岩及页岩）、下石炭统依柳组（基性火山熔岩、凝灰岩夹凝灰质砂页岩和少量透镜状灰岩、白云质灰岩）、中石炭统（灰质白云岩夹灰岩）及上石炭统（灰岩夹少量灰质白云岩）。

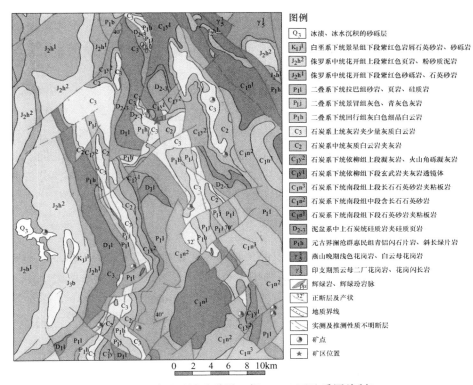

图例

Q₃	冰渍、冰水沉积的砂砾层
K₁j¹	白垩系下统景星组下段紫红色岩屑石英砂岩、砂砾岩
J₂h²	侏罗系中统花开组上段紫红色页岩、粉砂质泥岩
J₂h¹	侏罗系中统花开组下段紫红色砂砾岩、石英砂岩
P₁l	二叠系下统拉巴组砂岩、页岩、硅质岩
P₁j	二叠系下统景冒组灰色、青灰色灰岩
P₁h	二叠系下统回行组灰白色细晶白云岩
C₃	石炭系上统灰岩夹少量灰质白云岩
C₂	石炭系中统灰质白云岩夹灰岩
C₁y²	石炭系下统依柳组上段凝灰岩、火山角砾凝灰岩
C₁y¹	石炭系下统依柳组下段玄武岩夹灰岩透镜体
C₁n³	石炭系下统南段组上段长石石英砂岩夹粘板岩
C₁n²	石炭系下统南段组中段含长石石英砂岩
C₁n¹	石炭系下统南段组下段石英砂岩夹粘板岩
D₂₋₃	泥盆系中上石炭统硅质岩夹硅质页岩
Pth	元古界澜沧群惠民组青铝闪石片岩、斜长绿片岩
γ³₅	燕山晚期浅色花岗岩、白云母花岗岩
γ¹₅	印支期黑云母二厂花岗岩、花岗闪长岩
βμ	辉绿岩、辉绿玢岩脉
	正断层及产状
	地质界线
	实测及推测性质不明断层
	矿点
	矿区位置

0　2　4　6　8　10km

图 2-2　矿区区域地质图（据 1∶20 万地质图编制）

2.2.1.3　二叠系

二叠系分布于矿区的南部地区，呈近南北向展布，主要为二叠系下统回行组（灰白色细晶白云岩）、二叠系下统景冒组（灰色、青灰色灰岩）和二叠系下统拉巴组（砂岩、页岩和硅质岩）。

2.2.2　中生界

2.2.2.1　侏罗系

侏罗系分布于矿区的西部、北西部、南西部及北东部地区，呈近南北向分布，主要为侏罗系中统花开组（紫红色页岩、粉砂质泥岩和石英砂岩）。

2.2.2.2　白垩系

白垩系分布于矿区的南西部地区，呈零星点状分布，主要为白垩系下统景星组（紫红色岩屑石英砂岩、砂砾岩）。

2.2.3 新生界

新生界分布于矿区南西部河谷、山坡及盆地地区，主要为第四系沉积的冰渍、冰水沉积的砂砾层。

2.3 构造

该区区域上属于老厂褶皱束，经华力西运动褶皱回返，再经燕山上升运动和喜山运动引起的断块活动改造。区内断裂极为复杂，主要构造线为南北向、北西向及北东向；区内保存完整的褶皱甚少，该褶皱系被北西向断裂破坏，分为北部的老厂背斜和南部的平掌背斜（图 2-2）。

2.3.1 褶皱

（1）老厂背斜。位于矿区的中部，轴向近于南北向，长约 19km，核部地层为下石炭统依柳组地层，两翼地层为中上石炭统、二叠系及侏罗系地层。

（2）平掌背斜。位于矿区的南部，轴向近于南北向，长约 16km，核部地层为下石炭统南段群，两翼地层为中上石炭统、二叠系及侏罗系地层。

2.3.2 断层

该区区域范围内断裂构造比较发育，主要为南北向、北西向及北东向三组断裂。

（1）南北向断裂。该组断裂在全区范围内最为发育，规模也较大，与区域裂谷构造线一致，断裂性质以扭性—压扭性为主，少数表现出压性。

（2）北西向断裂。该组断裂在全区范围内较为发育，规模较大，多被北东向断裂破坏，断裂性质以扭性—张扭性为主，主要断裂为黑河断裂。

（3）北东向断裂。该组断裂在全区范围内较发育，规模小，断裂性质不明。

2.4 岩浆岩

澜沧裂谷带内仅在矿区的北东方向和南部地区出露有花岗岩（$\gamma_5^3 \sim \gamma_5^1$）和少量岩脉（$\beta_\mu$），其中 γ_5^1 为印支期黑云母二长花岗岩、花岗闪长岩，γ_5^3 为燕山晚期浅色花岗岩、白云母花岗岩；而 β_μ 为辉绿岩、辉绿玢岩岩脉（图 2-2）。

2.5 区域地球物理

（1）昌宁—孟连裂谷带莫霍面总体倾向 NNE，地壳厚度在 43～48km 之间（图 2-3）。从区域上看，其北段有云县铜厂街—耿马地幔隆起带，南段为地幔斜坡带，总体与东侧的 SN 向云县—临沧—澜沧—景洪地幔拗陷带相邻。相对东侧幔拗带，裂谷带内地壳厚度有明显减薄，约 1~2km。区域莫霍面变化最大的地带与澜沧江断裂带和昌宁—双江断裂带的位置相当。老厂处于幔隆斜坡带。

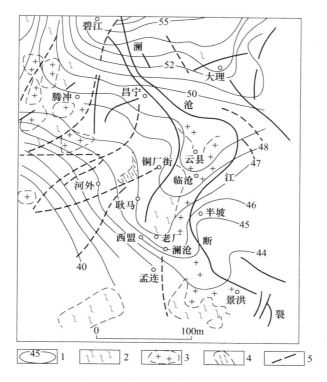

图 2-3　滇西地区莫霍面等深图

(引自张翼飞等 2001 资料，图面有调整)

1—莫霍面等深线（km）；2—变质岩系；3—花岗岩；4—基性、超基性岩体；5—断层

（2）澜沧地区布格重力异常变化较明显，方向性较强，从区域上看，总体以 SN-NNW 向负异常为主，异常值在（-150~-170）×10^{-5}m/s^2 之间，异常中心在老缅寨—黄草岭—营盘区一带，黑河—惠民一带为布格重力异常梯度带（图 2-4）。

（3）航磁异常总体显示 SN-NNW 分带、NW 分块的特点。澜沧江以西，南拉河—澜沧—黄草岭以东，总体为 SN-NNW 强异常带，峰值在 40~90nT 之间，形成多个短轴状椭圆异常。南拉河西南部的孟连—东岗一带为低缓正异常区，ΔT 峰值一般在 15~20nT。此外，航磁异常还显示出 NE、NW 分块的特征：孟连—澜沧—黄草岭—谦六一线南东为航磁正异常区，北西为航磁负异常区，负异常中心在谦六以北，峰值为 -100nT；黑河—黄草岭—惠民为北西向短轴异常分界线。

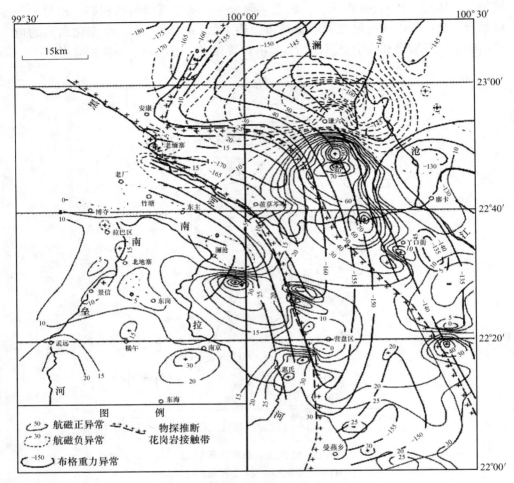

图 2-4 澜沧地区航磁重力综合异常图

（据云南省地矿局物化探队资料综合）

澜沧老厂处于布格重力异常梯度带和航磁异常正、负过渡带中，即地幔隆～拗过渡带中。区域地球物理异常的上述特征，与本区前述的地质构造轮廓基本对应：其中黑河—惠民布格重力异常梯度带和航磁异常正、负过渡带与东界黑河断裂大体相当；孟连—澜沧—黄草岭—谦六航磁异常分界也与孟澜断裂相当；可见，地幔隆—拗过渡带是云南省西南寻找老厂式多金属矿床的重点区。

2.6 区域地球化学

昌宁—孟连是云南省西部一个重要的 Cu、Pb、Zn、W、Sn 等元素的地球化学带，它与澜沧江沿岸 W、Sn 等元素地球化学带共同组成了澜沧江 W、Sn、Pb、

Zn、Cu 等元素地球化学省。

经云南省 1/100 万水系地球化学工作，在云南省澜沧县老厂多金属矿区西侧圈定了一个钼弱异常带（图 2-5），沿中课-勐梭之间的库杏河分布。该钼弱异常指示该地区深部有钼矿床存在的可能。

1990 年，华北有色地质勘查局第一物探大队在澜沧地区进行 1/10 万化探扫面，圈定了 14 个 Ni、Co、Ti、V、Cr、Pb、Zn、Ag、Cu、As、Sb、Bi、Hg、Be 等元素的区域地球化学异常。地球化学特征：依柳组（C_1y）火山岩岩石地球化学背景具有高 Pb、Ag、Be、Ge、Cd、As，而 Cu、Zn、Au、Co、Ni、Cr、V 接近或相当于玄武岩丰度值的特点，其中 Pb 含量相当于玄武岩丰度值的 6~8 倍，Ag 为 2 倍左右，As 为 8 倍左右，Cd 为 10~15 倍，Be 为 13 倍以上；C_{2+3}-P_1 碳酸盐岩具有高 Pb、Zn、Ag、Cd、As 的特点，其中 Pb 为同类岩石的 4~13 倍，Zn 为 1.5~4 倍，Ag 为 1~2 倍。其中甲类异常 6 处，乙类异常 8 处，Ag 异常面积 384km²，除老厂大型银铅锌铜多金属矿床外，区内还有阿卡白、大黑山、考底、哈卜马、邦沙、火头寨、南畔、景冒、南因等银铅锌多金属矿点和哈苦、赛罕、老列弄、甘河等铜矿点，以及大黑山红土型银锰矿点，均分布在以上不同的异常内。

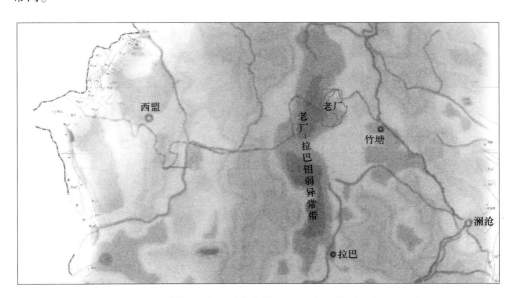

图 2-5　云南省澜沧县老厂多金属矿区钼水系地球化学异常图

（根据云南省 1/100 万钼水系地球化学异常图编绘）

2.7　区域矿产

昌宁—孟连裂谷带内南北向及北西向断裂较为发育，为火山喷发和深部岩浆侵位结晶提供了良好的通道和储矿空间，具有优越的成矿地质背景和成矿地质条件。区内矿（化）点密集，矿产种类丰富，主要金属矿产有 Fe、Cu、Mo、W、Sn、Au、Pb、Zn、Ag 等。

区内出露有大量的银铅锌多金属矿（化）点，除老厂银铅锌多金属矿区外，还有哈卜马、邦沙、芦子园以及大黑山红土型银锰矿点等（图 2-1、图 2-2）。目前在老厂东南端大黑山矿点均有找矿突破。

3 矿 床 地 质

3.1 地层

老厂矿区内出露的地层由老至新为泥盆系（D）、石炭系（C）、二叠系（P）及第四系（Q）（图 3-1、图 3-2）。

（1）泥盆系。主要分布于矿区的西侧，其余零星分布于矿区东部馒头山一带；岩性为灰绿色页岩、长石石英砂岩夹千枚状板岩及灰黑色硅质岩。

（2）石炭系。根据岩性、古生物等特征，又可将其划分为下石炭统（C_1）和中上石炭统（C_{2+3}）。

矿区范围内下石炭统出露的地层为依柳组（C_1y）地层，主要分布于矿区的北部及北东部，可将其划分为 7 个岩性层（图 3-2）：

1）安山凝灰岩和熔结角砾岩（C_1^1）。由灰白色安山凝灰岩、安山质熔结角砾岩及灰绿色玄武质熔结角砾岩、玄武质角砾凝灰岩组成，具熔凝结构。

2）下玄武岩及玄武质熔结角砾岩（$C_1^2\beta$）。下部灰绿色玄武质熔结角砾岩、流纹状玄武质凝灰岩；上部灰绿色致密块状玄武岩。

3）安山玄武岩、集块岩（$C_1^3\alpha$）。上部为浅灰绿色安山玄武岩、透镜状安山集块岩；下部为浅绿、紫灰色致密块状—杏仁状玄武安山岩、粗面质火山岩夹安山质凝灰角砾岩。

4）安山凝灰角砾岩夹沉凝灰岩（C_1^4）。灰色、浅灰绿色安山质凝灰角砾岩夹薄层状砂岩、灰岩、沉凝灰岩等。

5）凝灰岩夹沉积岩（C_1^{5+6}）。上部灰色、灰白色粗面质安山复屑凝灰岩夹沉凝灰岩、炭质灰岩等；中部为杂色粗面玄武质凝灰岩和粗面安山质角砾熔岩；下部为灰色粗面玄武质凝灰岩夹条带状硅质岩、透镜状大理岩。是矿区 I 号和 V 号矿体群的主要含矿层位。

6）上玄武岩及玻基辉橄岩（$C_1^7\beta$）。上部为灰绿色致密块状玄武岩夹少量粗面玄武质凝灰岩、复屑凝灰岩；下部为灰绿色碱性橄榄玄武岩、粗面安山凝灰岩。该层与上覆地层 C_{2+3} 之间为矿区 II 号矿体群产出部位。

7）凝灰岩及沉积岩（C_1^8）。主要为沉凝灰岩、安山玄武质凝灰岩、黄绿-深灰色碎屑岩、中-薄层状白云质灰岩等。

矿体主要产于 5~7 段，8 段顶部与灰岩接触带也有产出。

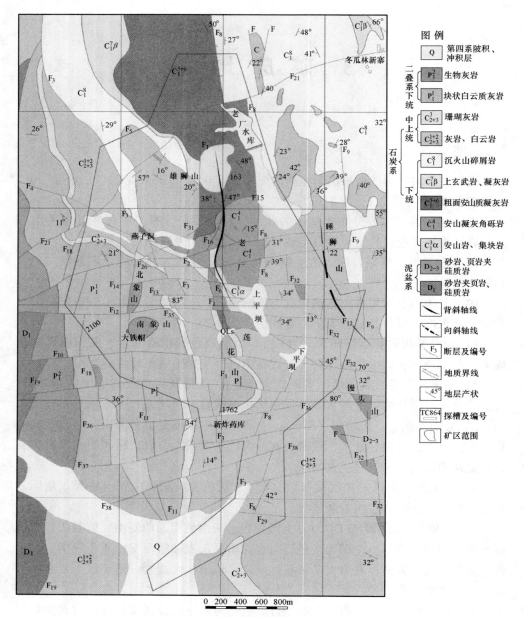

图 3-1 矿区地形地质图

（据云南省有色地质楚雄勘查院，2010，修改）

中上石炭统（C_{2+3}）主要分布于矿区的中部及南部地区，岩性为深灰色中厚层状泥晶灰岩、粗晶白云岩夹泥晶灰岩、鲕状灰岩及紫色页岩。断裂裂隙带通过该地层中的Ⅲ号矿体群产出。分两个岩性段：C_{2+3}^{1+2} 白云岩，C_{2+3}^3 生物灰岩。矿体

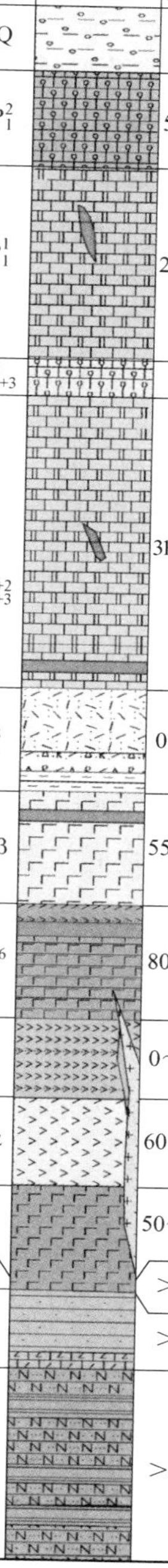

界	系	统	代号	柱状图	厚度/m	岩 性 特 征
新生界	第四系		Q		0~90	残坡积、冲积层：由土黄色砂土、砾石、砂泥铅、炉渣等组成。局部地段为崩落灰岩
晚古生界	二叠系	上统	P_1^2		50~140	生物灰岩：主要由灰色块状泥晶灰岩组成，顶部为中厚层块状灰岩。含Neoschwagerina.sp等化石
		下统	P_1^1		210~280	块状灰岩：灰色块状白云质灰岩夹石灰岩，局部含角砾状灰岩。灰岩裂隙中可见含铅褐铁矿脉。含Nankinella.sp等化石
	石炭系	中上统	C_{2+3}^3		50	深灰色中厚层状珊瑚灰岩，以含大量珊瑚化石为标志。含Triticites、Schwagerina.sp等化石
			C_{2+3}^{1+2}		310~430	上部灰白色泥晶灰岩，偶夹泥质条带；中部为灰色块状中晶至粗晶白云岩夹泥晶灰岩，鲕状灰岩；下部深灰色中厚层状泥晶灰岩，层间夹硅质条带及页岩。本层见含铅褐铁矿脉，下部为Ⅲ矿体，底部灰岩局部含矿，与Ⅱ矿构成同一矿体。灰岩中含Pseudoachuagerina.sp、Eostalleua.sp等化石
		下统	C_1^8		0~150	上部灰白色凝灰岩，紫红色砂页岩；中部浅绿色沉凝灰岩；下部为黄绿色、紫红色砂页岩。夹黑色页岩及透镜体灰岩。Ⅱ矿体即产于本层顶部粗安质、粗面质凝灰岩中
			$C_1^7\beta$		55~160	上部灰绿色块状玄武岩，玻基辉橄岩，夹少量玄武质凝灰岩。下部为灰绿色玄武岩，溶结凝灰岩，夹安山凝灰岩。本层层位、岩性稳定。上部复屑凝灰岩系有Ⅱ矿体产出
			C_1^{5+6}		80~160	上部灰色粗面安山质复屑凝灰岩、碳硅质岩、爆发角砾岩、灰岩。中部杂色粗面玄武质凝灰岩，角砾熔岩；下部灰色粗面玄武质凝灰岩夹条带状硅质岩。透镜状灰岩。I_{1+2}矿体在上部产出。本层少数钻孔见花岗斑岩脉
			C_1^4		0~120	灰、灰绿色安山凝灰岩角砾岩夹沉凝灰岩、薄层灰岩
			$C_1^3\alpha$		60~130	上部浅灰绿色安山集块岩，下部紫灰色杏仁状安山岩夹凝灰角砾岩
			$C_1^2\beta$		50~130	上部灰绿色致密块状玄武岩，下部灰绿色玄武质溶结角砾岩，流纹状玄武凝灰岩
			C_1^1		>20	灰白色安山凝灰岩，溶结角砾岩
	泥盆系	中上统	D_{2+3}		>70	灰绿色砂岩及灰黑色薄层硅质岩
		下统	D_1		>330	上部为灰绿色中厚层状细粒长石石英砂岩夹薄层硅质岩；下部为同色页岩夹砂岩

图 3-2　矿区地层综合柱状图

主要分布在 C_{2+3}^{1+2} 白云岩断裂裂隙中。

（3）二叠系（P）。矿区内仅出现下二叠统地层（P_1），分布于矿区的西部，近于南北向展布，岩性为灰色块状灰岩、白云质灰岩及泥晶生物灰岩。分为两个岩性段：P_1^1 为块状灰岩和 P_1^2 生物灰岩。在 P_1^1 块状灰岩有矿体产出。

（4）第四系（Q）。分布于山坡、沟谷及岩溶洼地中，岩性为灰黑、棕红、褐黄色黏土、砂土及砾石。

从区域资料看，泥盆到二叠系地层均为整合接触。

3.2 构造

3.2.1 褶皱

矿区范围内出现的褶皱主要有 2 个：老厂背斜、睡狮山向斜（图 3-1）。

（1）老厂背斜。北起老厂水库，向南延伸，在青龙箐大沟与雄东沟交汇处被 F4 断层错动，错距约 140~220m，轴向近南北向，延伸约 2.1km。老厂背斜核部地层由下石炭统依柳组安山玄武岩、集块岩（$C_1^3\alpha$）组成，两翼地层由 C_1^4、C_1^{5+6}、$C_1^7\beta$、C_1^8 和 C_{2+3} 组成。老厂背斜形态较复杂，总体而言，西翼变化较大，地层产状为 $220° \sim 250° \angle 50° \sim 82°$，东翼产状相对稳定，为 $115° \sim 135° \angle 45° \sim 55°$，转折端相对圆滑。虽受后期断层 F_4、F_{23} 等断层破坏，但保存较好。

（2）睡狮山向斜。位于老厂背斜与上云山背斜之间，沿睡狮山—馒头山一带分布，轴向北北西-南南东，核部及两翼地层主要为 C_{2+3} 组成。两翼地层产状变化较大，西翼地层产状 $58° \sim 86° \angle 20° \sim 30°$，东翼地层产状 $200° \sim 250° \angle 22° \sim 40°$。

3.2.2 断层

矿区范围内断层以南北向和北西向两组为主，次为东西向，各组断层相互交切，关系较复杂（图 3-3）。

3.2.2.1 南北向断层

南北向断层是矿区内最重要的主干断层，与区域裂谷构造近于平行。由西往东主要有 F_{11}、F_3、F_1、F_8 等。

F_{11} 断层位于矿区西部，呈南北向延伸，产状为 $85° \sim 103° \angle 72° \sim 80°$，向北逐渐与 F_3 汇合，止于 F_4 断层，被近东西向断层 F_{23} 错动。断层上下两盘地层均为下二叠统厚层状白云质灰岩，但断裂带破碎明显，构造角砾岩-劈理化较明显。

F_3 断层位于矿区中偏西部，产状为 $70° \sim 85° \angle 70° \sim 78°$，在燕子洞附近被 F_4 及近东西向断层 F_{23} 错动。断层上盘地层主要为中上石炭统白云岩，下盘地层主要为下二叠统白云质灰岩，断裂带内发育大量角砾岩和角砾岩型氧化矿体（IV矿体群）。

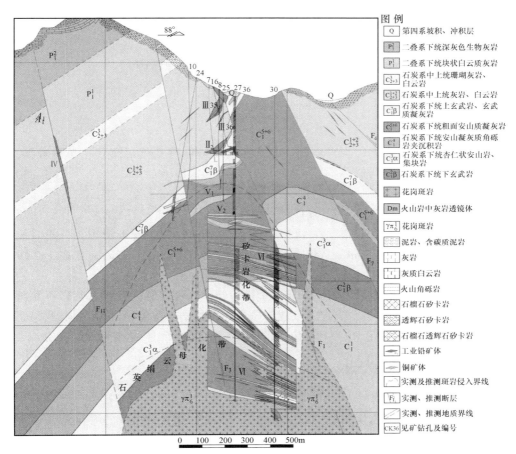

图 3-3 老厂矿区 148 线剖面图

F_1 断层位于矿区中偏东部,产状为 $75° \sim 89° \angle 73° \sim 81°$,在青龙大沟附近被 F_4 及近东西向断层 F_{23} 错动。断层上盘地层主要为下石炭统依柳组 $C_1^3\alpha$、C_1^4、C_1^{5+6} 岩性段,下盘地层主要为中上石炭统白云岩。

F_8 断层位于 F_4 断层以北,产状为 $95° \sim 104° \angle 76° \sim 83°$,断层上盘地层主要为中上石炭统白云岩,下盘地层主要为下石炭统依柳组 $C_1^3\alpha$、C_1^4 岩性段。

在南北向断裂中,位于矿区中部的 F_3、F_1 均有矿体产出,属于含矿断裂,控制矿体的分布。

3.2.2.2 北西向断层

F_4 断层是矿区内规模最大的北西向断层,北起矿区西北部太尔布,延伸至馒头山后与 F_{10} 断层相接。产状为 $35° \sim 40° \angle 52° \sim 60°$,断层上盘地层主要为下石炭

统依柳组 $C_1^7\beta$ 岩性段和中上石炭统白云岩，下盘地层主要为中上石炭统白云岩。

3.2.2.3 东西向断层

矿区范围内东西向断层较多，但相对次要，以 F_{23} 规模较大。

F_{23} 断层位于矿区中部，横切老厂背斜，因覆盖严重，产状不明确。

3.3 岩浆岩

矿区范围内地表无岩浆岩出露。前人在 ZK15006 终孔处揭露到花岗斑岩脉，并伴随有辉钼矿（Ⅵ号矿体群），之后 ZK15007、ZK15106、ZK14827 和 ZK14830 等也陆续见到花岗斑岩脉。从揭露到花岗斑岩的钻孔分布来看，老厂矿区深部隐伏花岗斑岩体侵入的最高层位为 C_1^{5+6}，总体受 F_1、F_3、F_4 断层及老厂背斜轴部控制，整体呈北北西向分布。在 1480 中段揭露的斑岩形态近半圆形，东西向长约 113m，南北向宽约 80m。从现有资料分析，花岗斑岩的分布最高点在 150 线 1480 中段，向南北两侧逐渐变低。

李峰等人通过研究后发现，其属于酸性偏铝质高钾钙碱性系列岩浆岩。并通过锆石 SHRIMP U-Pb 法，测定隐伏花岗斑岩的侵位结晶年龄为 （44.6±1.1）Ma，同时也对辉钼矿进行 Re-Os 同位素测年，测定其等时线年龄为 （43.78±0.78）Ma。

3.4 变质岩

主要为受岩浆侵入作用产生的接触交代等变质作用及其形成的岩石。

矽卡岩主要赋存在矿区的深部，以 C_1^{5+6} 中的凝灰岩和沉凝灰岩较为发育，是矿区内分布面积较大、蚀变较强的岩石。

青盘岩，其原岩覆盖了整个火山岩系岩石，主要在 1480 中段揭露，青盘岩分布大致沿北西—南东向展布。

黄铁绢英岩是矿区分布广泛的蚀变岩，不仅在花岗斑岩脉中存在，岩体的围岩中也广泛存在，就 1480 中段而言，绢英岩分布大致沿北北西—南南东向展布，延长大于 500m，厚度约 17~25m。

3.5 矿体地质

3.5.1 矿体特征

矿区内的矿体按产出条件可分为原生矿（硫化矿、氧化矿（含部分硫化矿））、次生矿两类。原生矿是指由火山喷流沉积作用形成的赋存于依柳组地层中的Ⅰ、Ⅱ、Ⅴ矿体群和与隐伏花岗斑岩侵入作用形成的Ⅲ、Ⅳ、Ⅵ矿体群（图

3-3、图3-4）；其中氧化矿（含部分硫化矿）主要是Ⅲ号矿体群；次生矿为泥铅矿体、砂铅矿体以及高铅炉渣堆积矿体等。

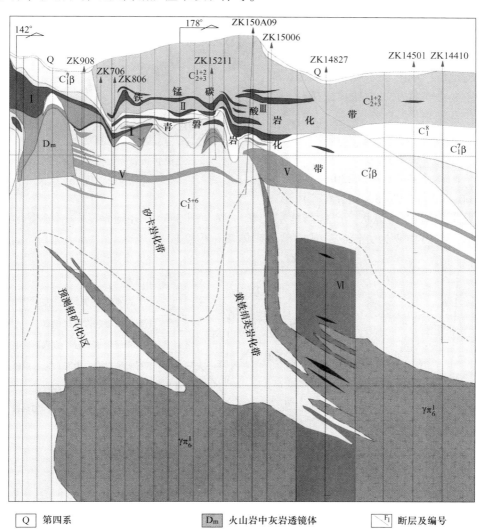

	第四系		火山岩中灰岩透镜体		断层及编号
C_{2+3}^{1+2}	石炭系中上统灰岩、白云岩	$\gamma\pi_6^1$	推测花岗斑岩体		地层界线
C_1^8	石炭系下统凝灰岩夹沉积岩		铅锌表内矿体及编号	ZK150A09	钻孔及编号
$C_1^7\beta$	石炭系下统玄武岩及其凝灰岩		铅锌表外矿体	Ⅵ	钼矿体及编号
C_1^{5+6}	石炭系下统粗面安山质凝灰岩		含铜黄铁矿矿体及编号		推测斑岩侵入界线

图 3-4 老厂矿区纵剖面图

（据李峰，修改）

I 号矿体群产于依柳组 C_1^{5+6} 岩性段中，矿体走向长 80～350m，倾向延伸 50～120m，厚 5～12m。矿体形态主要呈层状—似层状、透镜状（图3-4、图3-5），受后期褶皱变形的影响随地层产状有同步变形的特点。矿石主要由黄铁矿、方铅矿、闪锌矿等硫化物组成。

图 3-5 透镜状黄铁矿，在褶皱转折端局部加厚

II 号矿体群产于依柳组 $C_1^7\beta$ 岩性段和中上石炭统 C_{2+3} 之间的过渡地带，矿体走向长 70～230m，倾向延伸 60～130m，厚 5～15m。矿体形态主要呈似层状-透镜状，产状与地层产状一致（图3-6），并随地层的褶皱变形而变形。矿石主要为方铅矿、黄铁矿，矿体氧化程度较高。

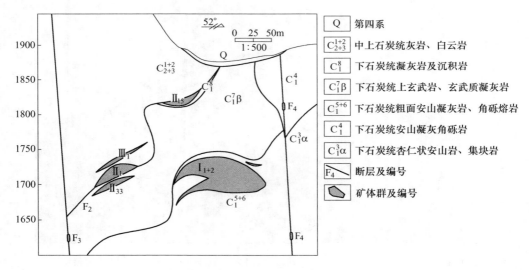

Q	第四系
C_{2+3}^{1+2}	中上石炭统灰岩、白云岩
C_1^8	下石炭统凝灰岩及沉积岩
$C_1^7\beta$	下石炭统上玄武岩、玄武质凝灰岩
C_1^{5+6}	下石炭统粗面安山凝灰岩、角砾熔岩
C_1^4	下石炭统安山凝灰角砾岩
$C_1^3\alpha$	下石炭统杏仁状安山岩、集块岩
F_4	断层及编号
	矿体群及编号

图 3-6 老厂矿区 I 、II 矿体群分布简图

III 号矿体群产于中上石炭统 C_{2+3} 碳酸盐岩中，规模小，一般厚 1～10m，延伸 10～60m，多呈脉状、透镜状充填于碳酸盐岩各种次级断层和节理裂隙中。矿体穿层性明显。

IV 号矿体群是指产于 F_3、F_1 等主断层中的陡倾斜大脉状矿体，后生性明显。矿体发育有角砾岩型矿石（图3-7）。

V 号矿体群是指赋存于依柳组 C_1^{5+6} 岩性段中的含铜黄铁矿体，矿体走向长40～

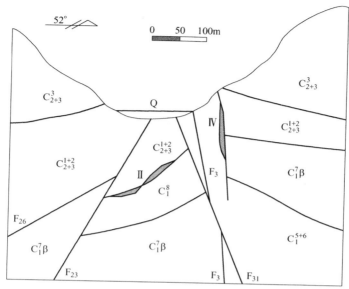

图 3-7 老厂矿区 Ⅳ 矿体群分布简图

230m，倾向延伸 50~100m，厚 1~11m。矿体形态主要呈似层状—透镜状，产状随地层产状的变形而变形（图 3-8）。具有条带状、稠密浸染状和块状构造的特征。

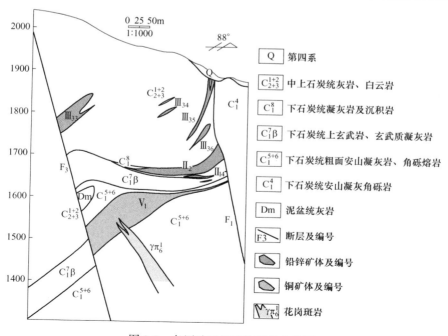

Q	第四系
C_{2+3}^{1+2}	中上石炭统灰岩、白云岩
C_1^8	下石炭统凝灰岩及沉积岩
$C_1^7\beta$	下石炭统上玄武岩、玄武质凝灰岩
C_1^{5+6}	下石炭统粗面安山凝灰岩、角砾熔岩
C_1^4	下石炭统安山凝灰角砾岩
Dm	泥盆统灰岩
F3	断层及编号
	铅锌矿体及编号
	铜矿体及编号
$\gamma\pi_6^1$	花岗斑岩

图 3-8 老厂矿区 Ⅴ 矿体群分布简图

Ⅵ号矿体群是指赋存于隐伏花岗斑岩体及其外围矽卡岩中的铜（钼）矿体，主要呈细脉状、浸染状沿石英脉及矽卡岩化凝灰岩分布（图3-9）。

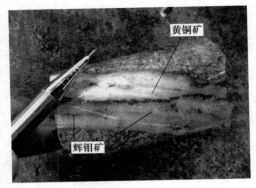

图3-9　透辉石矽卡岩，辉钼矿、黄铜矿呈脉状沿石英脉分布

根据勘探线剖面图分析，可以看出F1（及F6）、F3之间的构造控矿特征明显，斑岩含矿性不好：

（1）7号勘探线800m处见斑岩，无矿化；15号勘探线矿体分布与F3产状一致；17号勘探线Ⅰ1+2号矿体呈舒缓波状，控制在2000～1800m，近直立分布，分布在F5～F3之间，在19号勘探线该特征也同样一致。

（2）9号勘探线1200m见岩脉，但无矿化现象。

（3）144号勘探线F1断层1100m处见脉状矿，厚度为10.6m，其中Cu0.35%，Ag5.96g/t，S10.74%。

（4）150A号勘探线上，断层F3控矿，地表-1300m处较明显，矿体厚度9.1m，其中Ag品位288.1g/t，Pb12.47%，Zn4.77%。

（5）151号勘探线西部F3断层附近，在1750～1675m处工程见矿，可往深度进一步勘探，东边F6断层控制明显。

（6）151A号勘探线上，F3断层控矿位置在1725m，矿体厚度为6.7m，其中Ag品位271.8g/t，Pb8.96%，Zn8.7%；工程控制在1500m处，矿体厚6.56m，其中Ag品位138.8g/t，Pb0.46%，Cu2.54%，Zn8.7%。东部F1断层在1800处有矿体产出。

（7）152号勘探线ZK15207号钻孔见岩脉，但无矿化现象。

（8）152A号勘探线上，断层F3从1725m推到1360m，多工程控制厚度大于6m。

（9）153号勘探线上ZK15310号钻孔在1280m处见斑岩脉，无矿化。

3.5.2　矿石特征

3.5.2.1　矿石类型及矿物组合

根据矿体产出部位，将矿区矿石类型划分为火山岩型、碳酸盐型和矽卡岩型三种类型。

（1）火山岩型矿石矿物成分。火山岩型矿石矿物成分比较复杂，主要金属矿物有方铅矿、闪锌矿、黄铜矿、辉银矿、黄铁矿、褐铁矿，次要金属矿物有硫锌铅矿、白铅矿、铅钒、毒砂、雌黄铁矿等；脉石矿物主要为石英、方解石、白云石、长石等。

（2）碳酸盐岩型矿石矿物成分。金属矿物主要以铅锌氧化物为主，有白铅矿、方铅矿、菱铁矿、闪锌矿等，其次有铜兰、孔雀石、褐铁矿等；脉石矿物主要为方解石、白云石、石英。

（3）矽卡岩型矿石矿物成分。金属矿物以辉钼矿、黄铜矿、含铜黄铁矿、黄铁矿、雌黄铁矿为主，次要金属矿物有方铅矿、辉铋矿、黑钨矿等；脉石矿物主要为石英、方解石、石榴石、绿泥石、透辉石、硅灰石等、绢云母、榍石等。

3.5.2.2 矿石结构、构造

矿石结构主要有自形、半自形粒状、交代、残余、溶蚀、细脉充填交代、草莓状、胶体等结构；主要构造类型有块状、角砾状、稠密浸染状、层纹状、斑杂状、透镜状及条带状等构造类型（图3-10~图3-23）。

图 3-10　自形粒状黄铁矿

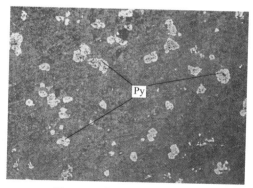

图 3-11　半自形粒状黄铁矿

图 3-12　具溶蚀结构黄铁矿

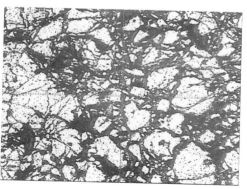

图 3-13　草莓状黄铁矿

图 3-14　它形粒状黄铜矿

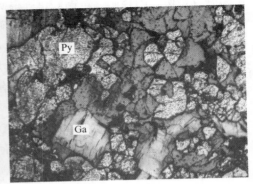

图 3-15　黄铁矿与方铅矿

图 3-16　块状构造

图 3-17　角砾状构造

图 3-18　浸染状构造

图 3-19　斑杂状构造

图 3-20 交错脉状黄铁矿

图 3-21 层纹状构造

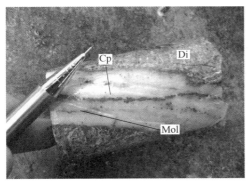

图 3-22 脉状黄铜矿、辉钼矿

图 3-23 脉状黄铁矿、方铅矿

3.5.2.3 矿石化学成分

老厂矿区火山岩型矿石中，SiO_2、Al_2O_3、S、Ge、In、Cd、As、WO_3、Sn、Bi、Sb、Ti、Se 含量较高，其中 S、Ge、In、Cd 等元素达工业品位；碳酸盐岩型矿石中 CaO、MgO 含量较高，Ga、In、Cd 含量略低。矽卡岩型矿石中，Fe、Cu、Mo 含量较高，W、Bi 等元素局部达到综合评价的要求，部分矿段已达到伴生矿体的要求。

3.5.2.4 矿物的生成顺序

老厂矿床形成于两次成矿地质作用：早石炭纪火山成矿地质作用和喜山期隐伏花岗斑岩侵入成矿地质作用。

早石炭纪火山作用阶段，主要形成草莓状、微尘状黄铁矿，球粒状闪锌矿，微粒状黄铜矿，方铅矿；火山热液阶段形成胶状黄铁矿、银铅锌黄铁矿体。

喜山期隐伏花岗斑岩期后热液成矿作用阶段，铅锌银叠加于早石炭纪火山成矿矿体，并形成矽卡岩矿物，大量形成辉钼矿、含铜黄铁矿、黄铜矿等。

由于受当地气候条件的变化及地壳抬升运动，矿体发生演化而形成表生作用阶段，形成黄铁矿、白铅矿、菱锌矿、硅锌矿、异极矿等矿物。

3.6 围岩蚀变

矿区围岩蚀变强烈，类型多样、复杂，主要为两大蚀变系统，即与火山喷流作用有关的热液蚀变系统和与隐伏花岗斑岩岩浆作用有关的热液蚀变系统。

3.6.1 与火山喷流作用有关的热液蚀变

蚀变组合类型：主要以硅化、黄铁矿化、碳酸盐化等为特征。

（1）硅化。是矿区主要围岩蚀变类型，常见于Ⅰ、Ⅱ和Ⅴ号矿体群的矿体底板围岩中，表现为微粒石英呈云雾状、团块状等交代凝灰岩等围岩，或沿细—网脉状石英脉侧交代围岩，使围岩显著褪色。

（2）黄铁矿化。黄铁矿化在火山岩中及区内含矿、控矿构造破碎带中都有不同程度发育。黄铁矿化具多期次、多成因的特点。

（3）碳酸盐化。碳酸盐化以微粒方解石集合体呈细脉、网脉、团块状产出。

3.6.2 与隐伏花岗斑岩有关的热液蚀变

喜山期隐伏花岗斑岩在侵位结晶过程中，形成了一套与岩浆期后热液有关的蚀变岩，近岩体围岩主要发生接触交代变质作用，而远离岩体的围岩多发生热接触变质作用，其蚀变组合类型主要为矽卡岩化、青盘岩化、绢英岩化、大理岩化（图 3-24～图 3-27）。

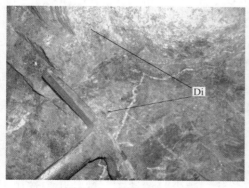

图 3-24 透辉石矽卡岩

图 3-25 绿泥石青盘岩

图 3-26 大理岩与青盘岩分界

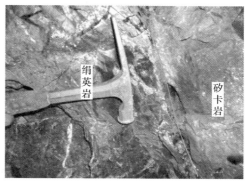

图 3-27 绢英岩与矽卡岩

4 围岩蚀变特征

此次工作主要以矿区深部 1480 中段（图 4-1）及 ZK915 为主，通过野外观察、坑道及钻孔的编录、样品的采集、光薄片的镜下鉴定、电子探针分析以及典型样品元素质量迁移平衡的研究，对矿区与深部隐伏花岗斑岩有关的蚀变类型进行分带。

深部隐伏花岗斑岩侵入形成的蚀变分带在水平方向和纵向上均具有相同的规律性：（1）水平方向从岩体至围岩，其蚀变类型依次为黄铁绢英岩—矽卡岩—青盘岩；（2）纵向上从岩体至围岩，其蚀变类型依次为黄铁绢英岩—矽卡岩—青盘岩（图 4-1、图 4-2、图 4-3）。

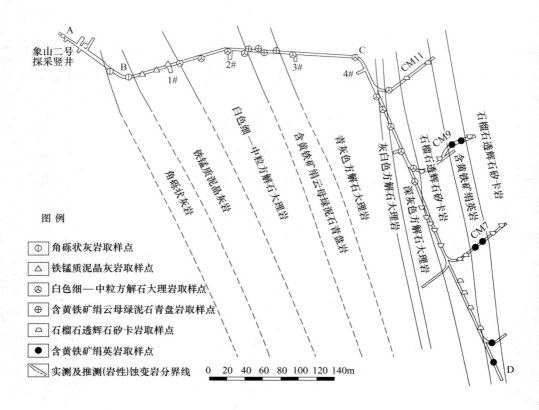

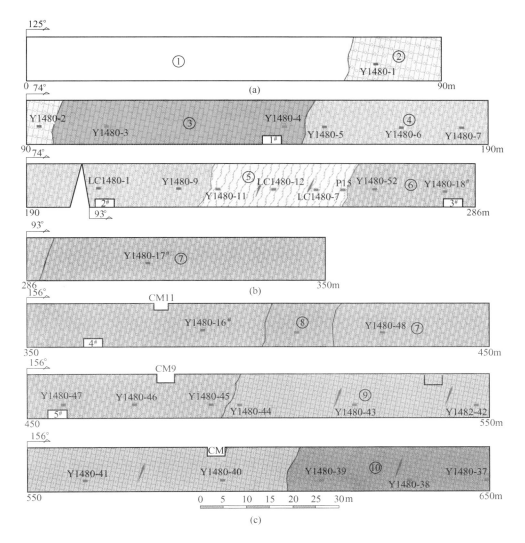

图 4-1 1480 中段蚀变分带简图

(a) 主巷 A~B 坑道 (左壁) 编录图；(b) 主巷 B~C 坑道 (左壁) 编录图；

(c) 主巷 C~D 坑道 (左壁) 编录图

由于火山岩中 C_1^{5+6} 岩性段局部夹有碳酸盐岩夹层及透镜体，故受热接触变质作用的影响而在矽卡岩和青盘岩之间形成青灰色、深灰色大理岩夹层（图4-4）；在青盘岩的西侧为中上石炭统地层，受热接触变质作用的影响，部分碳酸盐岩发生重结晶，形成白色细-中粒方解石大理岩（图 4-5~图 4-7）；在斑岩侵入过程中，伴随着强烈的构造运动，从而形成角砾状灰岩，胶结物为方解石大理岩（图4-8、图 4-9）。

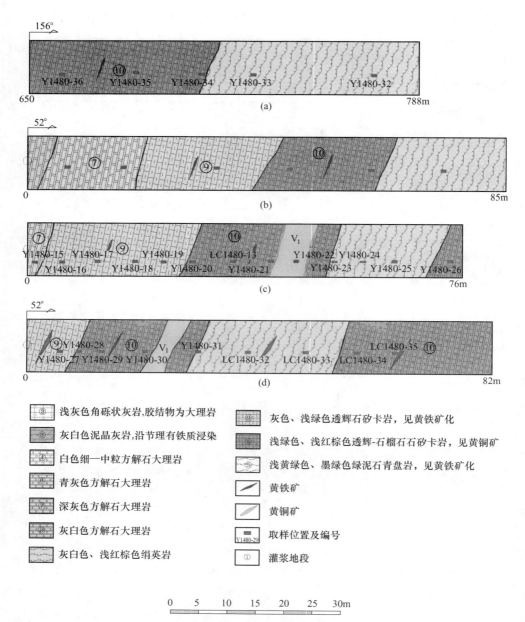

图 4-2 1480 中段坑道编录及取样位置图

（a）主巷 C-D 坑道（左壁）编录图

（b）CM11 坑道（左壁）编录图

（c）CM9 坑道（左壁）编录图

（d）CM7 坑道（左壁）编录图

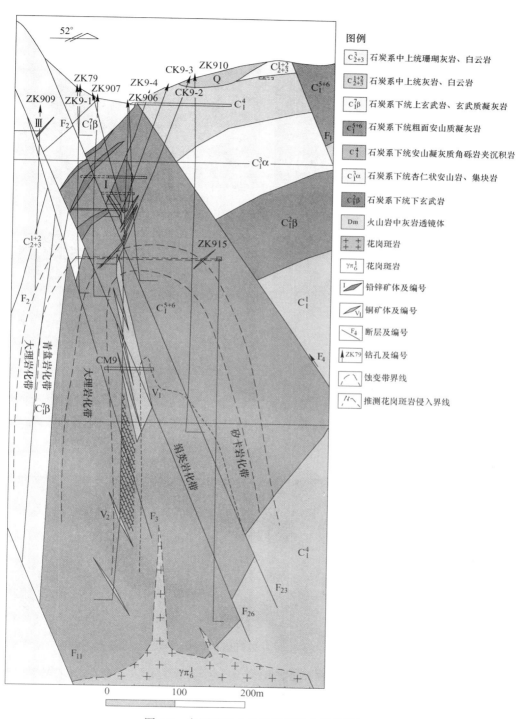

图例

C_{2+3}^3	石炭系中上统珊瑚灰岩、白云岩
C_{2+3}^{1+2}	石炭系中上统灰岩、白云岩
$C_1^7\beta$	石炭系下统上玄武岩、玄武质凝灰岩
C_1^{5+6}	石炭系下统粗面安山质凝灰岩
C_1^4	石炭系下统安山凝灰质角砾岩夹沉积岩
$C_1^3\alpha$	石炭系下统杏仁状安山岩、集块岩
$C_1^2\beta$	石炭系下统下玄武岩
Dm	火山岩中灰岩透镜体
	花岗斑岩
$\gamma\pi_6^1$	花岗斑岩
I	铅锌矿体及编号
V_1	铜矿体及编号
F_4	断层及编号
ZK79	钻孔及编号
	蚀变带界线
	推测花岗斑岩侵入界线

图 4-3　老厂矿区 9 号勘探线蚀变岩分带图

图 4-4 青灰色、深灰色大理岩夹层

图 4-5 白色方解石大理岩

图 4-6 发育两组极完全解理方解石，
单偏×40（Cc 方解石）

图 4-7 具有高级白干涉色的方解石颗粒，
正交×40（Cc 方解石）

图 4-8 角砾状灰岩，胶结物为方解石大理岩

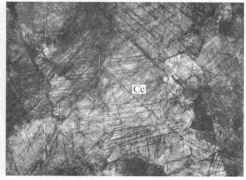

图 4-9 具有高级白干涉色的方解石颗粒，
发育两组极完全解理，正交×40（Cc 方解石）

4.1 矽卡岩

矽卡岩主要赋存在矿区的深部,以 C_1^{5+6} 中的凝灰岩和沉凝灰岩中较为发育,是矿区内分布面积较大、蚀变较强的岩石。通过 1480 中段及 ZK915 矽卡岩分带图可知:矽卡岩分布大致沿北北西—南南东向展布,延长大于 500m,厚度约 26~41m,在靠近黄铁绢英岩一侧,矽卡岩颜色表现出红棕色,而远离黄铁绢英岩,其颜色过渡为灰绿色。在矽卡岩化强烈的地段,岩石网脉裂隙较为发育,充填有大量的辉钼矿石英细网脉,形成细脉浸染状矽卡岩型富矿体。显然,矽卡岩早于辉钼矿的主成矿阶段。通过镜下观察以及电子探针数据分析后,发现矿区矽卡岩类型主要为硅灰石-石榴石-透辉石矽卡岩、绿泥石-透辉石矽卡岩以及含榍石透辉石矽卡岩。

通过对矿区 4 个典型矽卡岩样品进行电子探针分析(此次电子探针测试分析在中国科学院地球化学研究所矿床地球化学国家重点实验室完成),并对 10 个石榴石测点数据和 12 个辉石测点数据处理,之后进行晶体化学式计算,发现矿区内的石榴石为钙铁-钙铝榴石系列,但主要以钙铝榴石为主;辉石为钙铁辉石和透辉石系列,但主要为透辉石(图 4-10、图 4-11)。

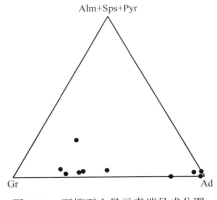

图 4-10 石榴石主量元素端员成分图

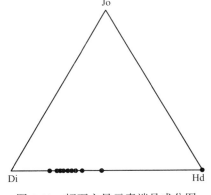

图 4-11 辉石主量元素端员成分图

4.1.1 矽卡岩矿物特征

4.1.1.1 硅灰石-石榴石-透辉石矽卡岩

观察手标本(图 4-12、图 4-13)可知:岩石颜色为墨绿色、浅红棕色,呈致密块状产出,显示出矽卡岩在形成过程中有充足的物质来源。

通过镜下观察可知,(1)石榴石主要为钙铁榴石-钙铝榴石系列;其中钙铝榴石在单偏光下呈浅褐色、无解理、裂纹较发育，正极高突起，等粒，1～3mm，正交偏光镜下全消光，显示均质性，含量约35%，其裂纹中充填有黑云母细脉（图4-14），含量约2%；钙铁榴石在单偏光下呈浅黄褐色、无解理、裂纹较发育，正极高突起，1～3mm，正交偏光下非均质性明显，显示光性异常，其干涉色达一级灰白，具同心环带构造及双晶（图4-15），说明其在不同的物理化学条件下形成，含量约5%，并被后期石英脉穿插，含量约3%，黄铁矿沿石英脉分布，呈它形粒状，含量约2%（图4-16），1480-13-41测点号石榴石能谱图及能谱分析结果如图4-17所示和见表4-1，通过计算后得出其晶体化学式为 $(Ca_{3.0162}Al_{1.6632}Fe_{0.6367})_{5.316}[Si_{0.9754}O_4]_3$。（2）透辉石在单偏光下无色，单矿物为粒状、柱状，0.01～0.07mm，集合体呈粒状或放射状，正高突起，干涉色二级蓝绿至橙黄，含量约40%，局部含方解石颗粒，0.1～0.4mm，发育一组极完全节理，干涉色高级白，含量约2%（图4-18、图4-19），1480-4-14测点号辉石

图4-12 硅灰石-石榴石-透辉石矽卡岩

图4-13 石榴石矽卡岩，见黄铁矿化

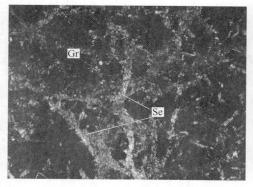

图4-14 钙铝榴石，绢云母沿裂纹充填，
正交×40（Gr 钙铝榴石，Se 绢云母）

图4-15 钙铁榴石，发育环带双晶，
正交×40（Ad 钙铁榴石，Q 石英）

图 4-16 黄铁矿沿石英脉分布

（Py 黄铁矿）

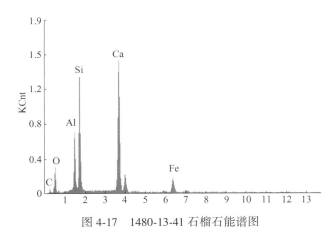

图 4-17 1480-13-41 石榴石能谱图

表 4-1 1480-13-41 石榴
石能谱分析结果

元素	Wt/%	Mol/%
Al$_2$O$_3$	17.83	11.22
SiO$_2$	36.97	39.48
CaO	35.57	40.70
FeO	9.62	8.60

图 4-18 粒状、放射状透辉石，
单偏×40

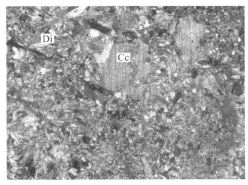

图 4-19 干涉色为二级蓝绿至橙黄透辉石，
正交×40（Di 透辉石，Cc 方解石）

能谱图及能谱分析结果如图 4-20 所示和见表 4-2，通过计算后得出其晶体化学式为（$Mg_{0.93}Ca_{0.52}Fe_{0.35}Al_{0.11}$）$_{1.90}$［$Si_{2.02}O_6$］。（3）硅灰石在单偏光下浅黄色，单矿物为针状 0.05~0.2mm，集合体呈放射状，正中突起，干涉色为一级灰白、黄白，并与钙铝榴石共生，含量约 11%（图 4-21、图 4-22）。

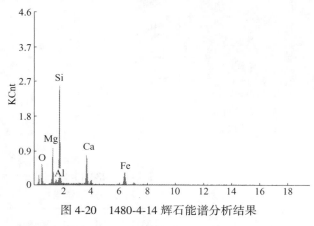

图 4-20　1480-4-14 辉石能谱分析结果

表 4-2　1480-4-14 辉石能谱分析结果

元素	Wt/%	Mol/%
MgO	17.07	23.93
Al_2O_3	2.60	1.44
SiO_2	55.57	52.25
CaO	13.22	13.32
FeO	11.53	9.06

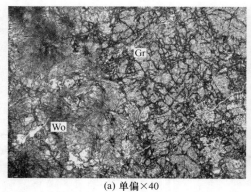

(a) 单偏×40

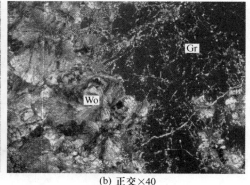

(b) 正交×40

图 4-21　硅灰石与钙铝榴石
（Gr 钙铝榴石，Wo 硅灰石）

4.1.1.2　绿泥石-透辉石矽卡岩

从手标本（图 4-23）观察可知：岩石颜色为灰绿-浅黄绿色，呈致密块状产出。

通过镜下观察可知，（1）透辉石在单偏光下无色，粒状，0.005~0.04mm，正高突起，干涉色二级蓝绿至橙黄，含量约 60%；局部含方解石颗粒，0.2~0.4mm，发育一组极完全节理，干涉色高级白，含量约 2%，并被后期石英脉穿插，含量约 3%（图 4-24、图 4-25）。（2）绿泥石：单偏光下假六方板状晶体，

图4-22 干涉色一级灰白、黄白硅灰石，正交×40（Wo硅灰石）

薄片中淡绿色（图4-26），0.02~0.1mm，正低突起，干涉色一级灰-灰白，含量约35%。

图4-23 绿泥石-透辉石矽卡岩

图4-24 绿泥石-透辉石矽卡岩，单偏×40

图4-25 具有一级黄白干涉色的石英脉，正交×40（Q石英）

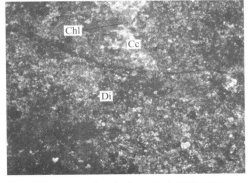

图4-26 具有一级灰干涉色的绿泥石和二级蓝绿至橙黄干涉色的透辉石，正交×40（Di透辉石，Chl绿泥石，Cc方解石）

4.1.1.3 含榍石透辉石矽卡岩

从手标本（图 4-27 和表 4-3）观察可知：岩石颜色为浅绿色、浅墨绿色，呈致密块状产出。

通过镜下观察可知，（1）透辉石在单偏光下无色，粒状，$0.05 \sim 0.1mm$，正高突起，干涉色二级蓝绿至橙黄，含量约 65%。（2）榍石：单偏光下不规则粒状，薄片中淡褐色，$0.03 \sim 0.1mm$，正高突起，干涉色高级白，含量约 8%，榍石的能谱分析见表 4-3、图 4-28，通过计算后得出榍石的晶体化学式为 $(Ca_{0.95}Ti_{0.93}Al_{0.09}Fe_{0.08})_{2.05} [Si_{0.99}O_4] O$。

图 4-27 含榍石透辉石矽卡岩

表 4-3 1480-4-19 榍石能谱分析结果

元素	Wt/%	Mol/%
Al_2O_3	02.24	01.45
SiO_2	30.02	32.94
CaO	26.94	31.67
TiO_2	37.83	31.21
FeO	02.98	02.74

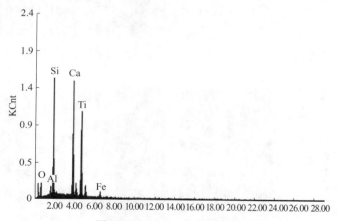

图 4-28 1480-4-19 榍石能谱

4.1.2 形成环境

众多学者通过高温高压实验反演矽卡岩形成过程以及简化的矽卡岩体系相平衡关系的热力学分析，对阐明矽卡岩及矽卡岩矿床形成的物理化学条件有很大帮助。

（1）通过中酸性火成岩熔岩与灰岩相互作用实验研究发现，在较高温氧化条件下形成 Wol+And+Mt 组合，在较高温还原条件下易形成 Wol+Hd+Ga+Mt 组合，其中石榴石中以钙铝榴石的含量居多。在高于 600℃ 才有硅灰石生成，说明含硅灰石在内的矽卡岩矿物共生组合是在高温条件下生成的。

（2）通过凝灰岩在成分复杂溶液作用下实验研究发现，当原岩样品为凝灰岩和 $CaCO_3$ 时，分别加入 Na_2CO_3、Na_2SO_3、$CaCl_2$ 溶液后，每次实验都能生成石榴石，有的实验还生成了石榴石和辉石（透辉石）。

4.2 青盘岩

青盘岩是矿区内分布最广泛的蚀变岩，几乎覆盖了整个火山岩系，就 1480 中段而言，青盘岩分布大致沿北西-南东向展布，延长大于 500m，厚度约 26 ~ 32m。在青盘岩分布地带，黄铁矿呈网脉状、浸染状分布，后生性明显。通过岩相学鉴定后发现，其主要类型为含黄铁矿绢云母绿泥石青盘岩和含钙铁榴石绢云母绿泥石青盘岩两类。

4.2.1 含黄铁矿绢云母绿泥石青盘岩

从坑道观察可知（图 4-29、图 4-30）岩石颜色为浅黄-浅墨绿色，呈致密块状产出。

图 4-29 浅墨绿色绢云母绿泥
石青盘岩，黄铁矿呈浸染状分布

图 4-30 浅墨绿色绢云母绿泥石青盘
岩，黄铁矿呈网脉状分布

通过镜下观察可知，（1）绿泥石晶体为假六方板状，纵切面呈长条形，0.02 ~ 0.08mm，在薄片中为淡绿色，具有淡黄-浅绿的弱多色性，正低突起，干涉色为一级灰-灰白，由于本身绿色的重叠，致使干涉色有点绿的色调而呈绿灰，含量约 60%；局部含石英、方解石以及钙铝榴石颗粒，其中石英颗粒单偏光下无色，无解理，正低突起，干涉色一级灰白，0.02～0.05mm，含量约1%；方解石发育一组极完全节理，干涉色高级白，0.1～0.3mm，含量约6%；钙铝榴石在单偏光下呈浅褐色、无解理，正交镜下全消光，显示均质性，0.05～0.15mm，含量约1%（图4-31～图4-34）。（2）绢云母在薄片中呈片状，单偏光下无色，主要分布于绿泥石之间，由于绢云母晶体薄而细小，0.01～0.03mm，其干涉色常为一级黄，含量约30%。（3）黄铁矿在反射光下浅黄铜色，主要分布在方解石颗粒一侧，呈它形粒状，0.1～0.3mm，含量约2%（图4-35、图4-36）。

图 4-31　绿泥石具有淡黄-浅绿的弱多
色性，单偏×40

图 4-32　正交下具一级灰白干涉色的
绿泥石，正交×40
（Chl 绿泥石，Se 绢云母）

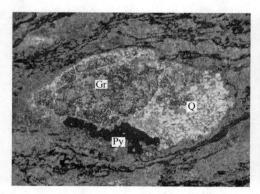

图 4-33　具有浅黄色的钙铝榴石被石
英颗粒包裹，黄铁矿沿石英颗粒分布，
单偏×40（Gr 钙铝榴石，Py 黄铁矿，Q 石英）

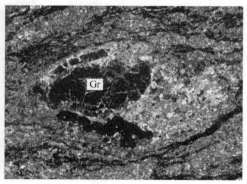

图 4-34　钙铝榴石正交下全消光，绿泥
石具一级灰白干涉色，正交×40
（Gr 钙铝榴石）

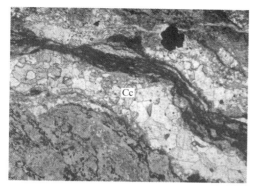

图 4-35　具两组极完全解理的方解石
颗粒,黄铁矿呈它形沿方解石、石英
分布,单偏×40(Cc 方解石)

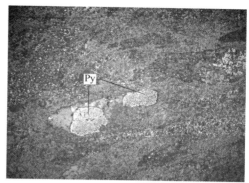

图 4-36　黄铁矿在反光镜下呈它形
粒状分布(Py 黄铁矿)

4.2.2　含钙铁榴石绢云母绿泥石青盘岩

从手标本观察(图 4-37)可知岩石颜色为黄绿色-墨绿色,呈致密块状产出,黄铁矿呈星点状分布。

通过镜下观察可知,(1)绿泥石晶体为假六方板状,0.01~0.02mm,在薄片中为浅黄绿色,干涉色为一级灰-灰白,由于本身绿色的重叠,致使干涉色有点绿的色调而呈绿灰,含量约63%;局部含方解石颗粒,0.05~0.1mm,干涉色高级白,含量约1%(图 4-38、图 4-39)。(2)绢云母在单偏光下为浅褐色,主要分布于绿泥石之间,由于绢云母晶体薄而细小,0.005~0.01mm,其干涉色常为一级黄,含量约35%。(3)局部含钙铁榴石,在单偏光下呈浅黄色、无解理、

图 4-37　浅墨绿色绢云母绿泥石青
盘岩,黄铁矿呈浸染状分布

图 4-38　绢云母绿泥石青盘岩,
正交×40(Cc 绢云母)

裂纹较发育，正极高突起，等粒，0.1~0.4mm，正交偏光镜下异常消光，具环带构造，含量约1%（图4-38、图4-40）。

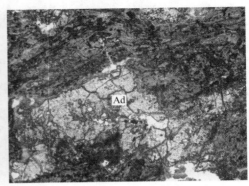

图4-39 异常消光的钙铁榴石，正交　　　　图4-40 钙铁榴石，单偏×40
×40（Ad钙铁榴石，Se绿泥石）　　　　　　（Ad钙铁榴石）

4.3 黄铁绢英岩

黄铁绢英岩是矿区分布广泛的蚀变岩，不仅在花岗斑岩脉中存在，岩体的围岩中也广泛存在，就1480中段而言，绢英岩分布大致沿北北西—南南东向展布，延长大于500m，厚度约17~25m（图4-41、图4-42）。

观察手标本可知（图4-45、图4-46）岩石颜色为浅绿色-墨绿色，呈致密块状产出，见黄铁矿化，黄铁矿呈星点状、网脉状分布。

通过镜下观察可知，（1）石英在单偏光下呈粒状、它形、无色，0.03~0.12mm，局部因含杂质而略带黄色，无解理，正低突起，见溶蚀现象，正交镜下干涉色为一级灰白至黄白，具波状消光的特点，并有后期石英脉穿插，含量约50%；局部含拉长石颗粒，0.08~0.3mm，单偏光下无色，正交镜下干涉色为一级灰白，具钠长石聚片双晶，双晶纹细、密、长，含量约3%（图4-43~图4-47）。（2）绢云母在薄片中呈片状，单偏光下无色，主要分布于石英颗粒之间，由于绢云母晶体薄而细小，0.01~0.03mm，其干涉色常为一级黄，含量约38%。（3）黄铁矿在反射光下浅黄铜色，呈它形粒状，0.02~0.15mm，主要呈浸染状分布，少数沿石英脉展布，含量约9%（图4-48~图4-50）。

图 4-41 墨绿色绢英岩

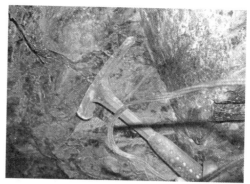

图 4-42 浅绿色绢英岩，黄铁矿
呈网脉状分布

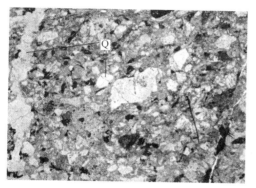

图 4-43 石英颗粒呈它形粒状分布，
单偏×40（Q 石英）

图 4-44 具有一级灰白干涉色石英和
卡-钠复双晶拉长石，正交×40
（Q 石英，Bt 拉长石，Se 绿泥石）

图 4-45 石英脉，单偏×40（Q 石英）

图 4-46 具有一级灰白-黄白干涉的石
英脉，正交×40（Q 石英，Se 绿泥石）

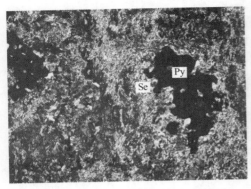

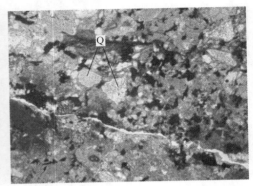

图 4-47 具有一级黄-二级蓝绿鲜艳干
涉的绢云母，正交×40（Py 黄铁矿，
Se 绿泥石）

图 4-48 黄铁矿呈浸染状分布，单偏×40
（Q 石英）

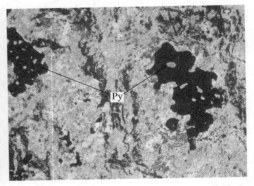

图 4-49 黄铁矿呈它形粒状分布（Py 黄铁矿） 图 4-50 黄铁矿呈它形，单偏×40（Py 黄铁矿）

4.4 蚀变岩及其原岩

地壳中的流体，或矿床学中所称的气化-热液或热液在岩石的各种裂隙、空隙和间隙中运动时，由于他们与不同物理化学条件下形成的围岩构成一个体系，故必然趋于使该体系内不同岩石、矿物和流体之间达到化学平衡，从而引起一系列的化学反应，表现为某些新物质（或矿物）的形成和原物质（或原矿物）的消失或变化，或某些新物质的带入或原物质的带出。围岩性质的复杂多样形成了不同强度和不同蚀变类型的蚀变岩。

众多学者通过对大量蚀变岩进行研究后发现：（1）在中等温度，K^+ 活度降低或酸度升高的条件下，成矿热液会对铝硅酸盐等矿物发生绢英岩化和黄铁绢英岩化，使围岩被石英和绢云母交代；而与之有关的矿床主要为斑岩型铜、钼、金和多金属矿床。（2）矽卡岩的成因较多，但主要以高温侵入的中酸性侵入体与碳酸盐岩和火山沉积岩系接触交代变质成因为主；与之有关的矿床主要为铁、铜、钨、钼、锡、铅、锌、金和钴等。（3）青盘岩主要发生在中-低温近地表条件，围岩主要是弱酸性、中性到基性的火山岩、次火山岩及辉绿岩，共生矿物有绿泥石、绿帘石、石英、绢云母、黄铁矿、碳酸盐，其次是硬石膏、石膏、钠长石和冰长石等；与之有关的矿床主要为铁、铜、金、银、铅、锌、钼和黄铁矿热液矿床。（4）与绿泥石化有关的围岩主要为弱酸性、中性、基性火成岩及各种变质岩；与之有关的矿床主要为铁、铜、金、银、铅和黄铁矿热液矿床。（5）钾长石是个统称，其中包括高温透长石、正长石、天河石、微斜长石和冰长石等，钾长石化的温度区间很广泛（>500~100℃），除冰长石多发生在低温矿床中外，在高温流体中钾能广泛的交代各种岩石和矿物。与钾长石化有关的矿床可分为两类：与花岗岩有关的 W、Sn、Mo、Be、Au 和 Cu 等矿床；与超基性-碱性-碳酸盐岩有关的 REE 和铌等矿床等。通过以上研究可知：在蚀变岩的研究工作中，恢复各种蚀变岩的原岩性质是研究蚀变岩岩系的原岩建造和形成环境、进行地层划分以及寻找有关矿床的基础。

通过斑岩矿床交代蚀变分带示意图（图 4-51）可知：自岩体中心向外，其蚀变分带依次为钾化带（钾质蚀变带）、石英-绢云母化带（似千枚岩化带）、泥化带（黏土化带）、青盘岩化带和次生石英岩化带。但在一个矿床中，以上蚀变分带不一定都存在，可以是其中某一两个带特别发育。大量研究表明，我国大部分斑岩矿床中泥化带不发育，最重要的是钾化带和石英-绢云母化带，其蚀变强度和范围直接影响矿化的规模。所以围岩蚀变呈带状分布的特点可作为寻找斑岩（矿床）的有效标志。

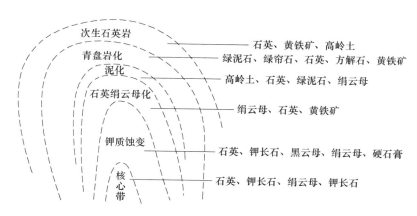

图 4-51 斑岩矿床交代蚀变分带示意图（据袁见齐）

老厂矿区部分深钻已揭露隐伏花岗斑岩体（脉），矿区围岩主要为下石炭统依柳组（C_1y）火山岩以及中上石炭统（C_{2+3}）碳酸盐岩，通过 1480 中段以及钻孔 915 蚀变岩带状分布的特征可知：老厂矿区深部隐伏花岗斑岩体（脉）的存在为矿区黄铁绢英岩化提供了物质基础；下石炭统依柳组（C_1y）火山岩的存在为矿区矽卡岩和青盘岩的存在提供了物质基础；中上石炭统（C_{2+3}）碳酸盐岩的存在为矿区大范围大理岩的出现提供了可能。黄铁绢英岩的分布同时也指示了深部隐伏花岗斑岩的侵入空间，这对寻找与斑岩有关的矿床提供了找矿思路与方向。

4.5　蚀变岩元素质量平衡

围岩蚀变是热液矿床中流体与围岩相互作用的结果，在此过程中伴随着元素质量的迁移，具体在微观上表现为岩石元素的带入、带出和惰性等特征，而宏观上则表现为围岩蚀变。国内外许多学者从不同角度讨论了流体在岩石蚀变过程中的作用，指出元素质量平衡不仅可以衡量元素的带入、带出以及体积的变化，同时还能够指示其地球化学行为，进一步为动力学研究提供限速和背景信息。

4.5.1　元素质量平衡方法介绍

近年来，许多学者陆续通过质量平衡的方法来研究各种地球化学开发系统中的质量变化和体积变化，并相应推导出各式各样的质量平衡方程，如 Gresens 方程、Grant 方程等，但主要以 Grant 方程为主。Grant 蚀变岩成分变化的质量平衡方程如下：

$$C_i^A = (M^O/M^A)(C_i^O + \Delta C_i) \tag{4-1}$$

$$\Delta C_i = C_i^A(M^A/M^O) - C_i^O \tag{4-2}$$

式中　C_i^A，C_i^O——蚀变岩和未蚀变岩中活动元素 i 的浓度，然后通过活动元素 i 的浓度变化得出活动元素 i 的质量变化 ΔC_i；

　　　　M^A，M^O——蚀变岩和未蚀变岩样品的质量。

由此可知，当 $\Delta C_i > 0$ 时，表示在蚀变过程中该元素发生了带入；当 $\Delta C_i < 0$ 时，表示在蚀变过程中该元素发生了带出；衡量元素在热液蚀变过程中得失量最直接的标准是通过计算某一元素的质量变化与其事变前浓度的比值（$\Delta C_i/C_i^O$）。将方程（4-1）两边同时除以 C_i^O，并经整理后得出：

$$\Delta C_i/C_i^O = (M^A/M^O)(C_i^A/C_i^O) - 1 \tag{4-3}$$

由于惰性组分（文中用 j 表示）在矿化蚀变过程中没有发生质量迁移，通常将其作为衡量元素质量得失的标准。

由质量守恒定律可知，对于惰性组分 j 而言：

$$\Delta C_j = 0，等式(4-1)\, C_j = C_j^A(M^O/M^A)C_j^O \tag{4-4}$$

式（4-4）为在 $C_j - C_j^O$ 图上一条通过远点的斜线及等浓度线（Isocon 线），斜率为 M^O/M^A，及 $K = M^O/M^A$。　　　　　　　　　　　　　　　　　　　（4-5）

若能够确定一种或两种以上元素为惰性组分，则斜率公式为：

$$K = (\sum C_j^A \times C_j^O)/(\sum C_j^O)^2 \qquad (4\text{-}6)$$

$$\Delta C_j = C_j^A/K - C_j^O \qquad (4\text{-}7)$$

其结果可参照龚庆杰等人对元素在热液事变过程中的迁移程度进行划分（表4-4）。

表 4-4　元素质量迁移程度定量描述分级表

定量描述	质量带出（活动元素）				质量守恒（惰性组分）			质量带入（活动元素）			
	极度	强烈	中等	微弱	轻微带出	守恒	轻微带入	微弱	中等	强烈	极度
质量变化 /%	蚀变岩/原岩										
	<20	20~40	40~60	60~80	80~90	90~100	90~80	80~60	60~40	40~20	<20
$\Delta C_i/C_i^O$	<-80	-80~ -60	-60~ -40	-40~ -20	-20~ -10	-10~ 10	10~20	20~80	80~200	200~600	>600

4.5.2　元素质量迁移定量计算

4.5.2.1　样品测试分析手段

此次测试分析挑选的样品均送至澳实分析检测（广州）有限公司进行检测，其中常量元素采用 ME-XRF26 方法进行分析；微量元素和稀土元素均采用等离子质谱仪（ICP-MS）进行测试分析，具体过程为：称取适量（约 50mg）200 目下样品置于带不锈钢外套的密封样装置中，加入适量 HF，在电热板上蒸干以去掉大部分 SiO_2，再加入适量相应比例 HF 和 HNO_3，盖上盖，在烘箱中于 200℃分解 12h 以上，取出冷却后，放置电热板上低温蒸至近干，再加入适量 HNO_3 再蒸干，重复一次。最后加入适量 HNO_3 和水，重新盖上盖子，于 130℃溶解残渣 3h，再取出，冷却后加入 500ng Rh 内标溶液，转移至 50mL 离心管中，备上 ICP-MS 测定。具体分析过程也可参见相关文献，使用的仪器均为德国 Finnigan MAT 公司高分辨率电感耦合等离子体质谱（ICP-MS）。分析误差优于 10%，绝大部分优于 5%，其检测限为 10^{-6}。

4.5.2.2　惰性元素的选取

惰性元素的选取是矿床热液蚀变过程中元素质量平衡理论的基础，同时也是进行元素质量迁移计算的前提。通过大量研究表明，因矿床类型、矿化蚀变以及矿物岩石类型等因素，Al、Ti、Zr、Ta、Nb、Yb、Hf 和 REE 等在热液蚀变过程中大都是惰性元素，尤其是 Al、Hf、Ti、Zr 在大多数热液矿床中均可作为惰性元素。

通过对国内外很多学者关于惰性元素选取的方法进行总结，发现主要有以下三种：

（1）采用相关分析来评价元素的不活动性，在未蚀变岩和蚀变岩的样品中，两个相对不活动元素的质量分数应该是完全相关的。

（2）若用两个元素的质量分数分别做横坐标和纵坐标，则蚀变样品点应落在经过原点的同一直线上。当蚀变岩中元素带入带出，上述元素的质量分数会发生相应的变化，会改变样品点距坐标原点的距离。

（3）用作图法来比较元素的不活动性，不活动性元素的相关系数的大小可用来评价元素的相对不活动性。

图 4-52 列出了老厂矿区 1480 中段 65 件蚀变岩样品的双变量图解，其中 Hf-Zr 岩石投影点完全能拟合为经过原点的直线，说明高场强元素 Zr 在热液蚀变过程中为极不活泼元素；而 Al-Zr、Nb-Zr、Ta-Zr、Ti-Zr、Yb-Zr 岩石投影点较为分散。但可以确定 Hf 为不活动元素，因此本书选择 Hf 作为 Grant 方程中的惰性组分，进行元素质量迁移的相关计算。

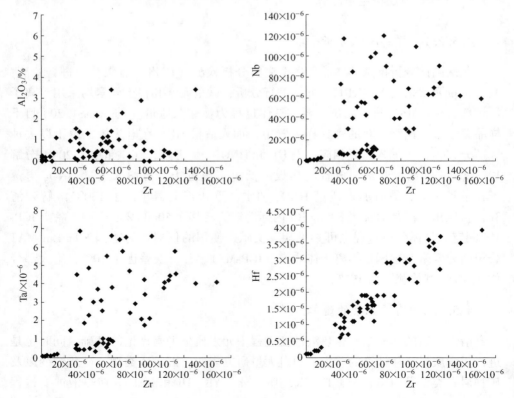

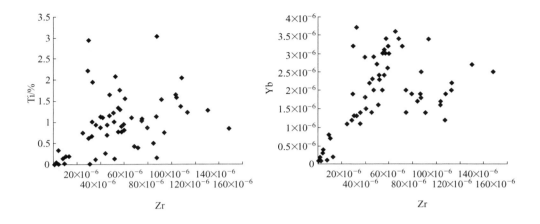

图 4-52　老厂矿区 1480 中段惰性元素相关性分析

4.5.2.3　元素质量迁移定量计算结果

确定原岩的性质及蚀变过程中组分的得失，是研究矿化蚀变过程中元素质量迁移规律的核心问题。将未蚀变或弱蚀变的原岩作为质量迁移计算的标准，通过野外和室内观察以及资料的收集，将老厂矿区 ZK14827 深部出露的花岗斑岩体（脉）及矿区浅部安山凝灰岩、玄武岩分别作为绢英岩和矽卡岩、青盘岩的原岩，采用 Grant 方程，进行元素带入带出的定量计算，计算结果及相应表格见表4-5~表 4-7。

4.5.3　元素质量迁移特征

4.5.3.1　常量元素

A　花岗岩

以黄铁绢英岩化为例，讨论花岗斑岩在蚀变过程中常量元素的迁移特征（图4-53）。

黄铁绢英岩化带（P-S-Q）内，除 TiO、MnO 轻微带入外，其余常量元素都大量带入，其中以 Fe_2O_3、FeO、CaO 和 K_2O 的带入最为明显，质量变化百分率分别为 977.90%、322.95%、242.7% 和 129%（表 4-5），无元素的带出。其中黄铁矿和绢云母的形成微观上则表现为 Fe_2O_3、FeO 和 K_2O 的大量带入。

表 4-5 老厂矿区岩石样品常量元素分析结果及蚀变岩常量元素质量迁移计算结果 (%)

元素	安山凝灰岩、玄武岩 (13)	石榴石透辉石砂卡岩 (15)	黄铁矿化绢云母绿泥石青盘岩 (7)	石榴石透辉石砂卡岩 (15) Δc_i	石榴石透辉石砂卡岩 (15) $\Delta c_i/C_i^{\ominus}$	黄铁矿化绢云母绿泥石青盘岩 (7) Δc_i	黄铁矿化绢云母绿泥石青盘岩 (7) $\Delta c_i/C_i^{\ominus}$	花岗斑岩脉 (8)	黄铁绢英岩 (6)	黄铁绢英岩 (6) Δc_i	黄铁绢英岩 (6) $\Delta c_i/C_i^{\ominus}$
SiO_2	50.95	51.53	31.70	77.37	151.85	16.57	32.52	71.91	72.45	103.42	143.83
Al_2O_3	16.14	17.86	11.25	28.33	175.54	7.83	48.51	12.99	11.30	14.36	110.60
Fe_2O_3	4.97	5.86	12.73	9.62	193.72	22.14	445.98	0.80	3.58	7.86	977.90
FeO	6.83	1.94	4.54	-1.99	-29.13	2.83	41.51	0.66	1.15	2.13	322.95
MgO	4.64	3.38	5.30	3.78	81.50	6.64	143.06	0.63	1.66	3.38	102.00
CaO	2.30	10.30	13.27	23.35	1015.09	25.97	1129.23	1.89	2.68	4.59	242.70
Na_2O	3.91	1.46	0.12	-0.26	-6.77	-3.65	-93.46	1.81	1.58	2.01	111.25
K_2O	1.93	1.45	2.98	1.68	87.40	4.43	229.82	6.20	3.05	1.18	129.00
TiO_2	2.83	2.03	4.08	2.22	78.32	5.86	207.08	0.30	0.52	0.95	26.00
MnO	0.14	0.08	0.19	0.07	48.21	0.26	189.07	0.04	0.02	0.01	18.05
P_2O_5	0.84	0.49	1.22	0.38	45.54	1.77	210.82	0.08	0.11	0.17	56.00
烧失量	3.85	2.62	12.61	2.67	69.38	23.01	597.34	2.39	2.51	3.67	153.91
M^A/M^O		2.49	2.13						2.42		

注: (1) Δc_i 表示原岩蚀变后组分的质量变化, $\Delta c_i/C_i^{\ominus}$ 表示元素质量变化百分率, 单位为%; M^A/M^O 为等浓度线 (Isocon) 的倒数;

(2) 安山凝灰岩、玄武岩、石榴石透辉石砂卡岩常量元素数据根据文献; 花岗斑岩脉常量元素数据根据文献, 其余为本次测试分析结果; n 表示参加统计数量。

表 4-6　老厂矿区岩石样品微量元素分析结果及蚀变岩微量元素质量迁移计算结果

(%)　(μg/g)

元素	安山凝灰岩,玄武岩 (13)	石榴石透辉石砂卡岩 (15)	黄铁矿化绢云母绿泥石青盘岩 (7)	石榴石透辉石砂卡岩 (15) ΔC_i	$\Delta C_i/C_i^{\ominus}$	黄铁矿化绢云母绿泥石青盘岩 (7) ΔC_i	$\Delta C_i/C_i^{\ominus}$	元素	花岗斑岩脉 (8)	黄铁绢英岩 (6)	黄铁绢英岩 (6) ΔC_i	$\Delta C_i/C_i^{\ominus}$
Cu	48.10	21.20	850.33	4.68	9.72	1763.08	3665.45	Cu	40.15	101.65	205.91	512.86
Pb	47.12	196.50	26.80	442.06	938.23	9.97	21.15	Pb	129.73	21.75	−77.08	−59.41
Zn	66.97	459.33	64.67	1076.52	1607.55	70.77	105.68	Zn	121.35	30.50	−47.52	−39.16
Cr	222.83	219.67	119.00	324.02	145.41	30.63	13.75	Cr	12.15	40.50	85.89	707.23
Ni	130.00	73.17	65.10	52.14	40.11	8.66	6.66	Ni	7.17	17.00	33.98	473.94
Mo	2.67	20.03	0.53	47.19	1767.55	−1.54	−57.72	Mo	108.07	21.66	−55.64	−51.48
Co	37.17	52.03	20.57	92.37	248.52	6.64	17.86	Co	2.66	9.45	20.22	761.60
Rb	73.25	117.60	78.97	219.51	299.67	94.95	129.62	Rb	108.65	107.80	152.30	140.18
Sr	73.77	198.17	531.67	419.56	568.77	1058.66	1435.15	Cs	6.25	6.17	8.68	138.87
Ba	160.97	530.00	510.00	1158.44	719.68	925.31	574.85	W	28.13	11.20	−1.02	−3.62
V	137.33	173.00	143.33	293.34	213.60	167.96	122.30	Bi	1.93	2.01	2.93	
Nb	14.38	62.40	67.87	140.96	980.01	130.17	905.01	Sr	426.00	122.60	−129.22	152.13
Ta	11.32	3.74	4.35	−2.01	−17.80	−2.04	−18.06	Ba	874.25	220.00	−341.70	−30.33
Zr	48.37	74.20	61.67	136.35	281.91	82.98	171.57	Hf	3.51	1.45	0.00	−39.08
Hf	5.90	2.37	2.77	0.00	0.00	0.00	0.00					0.00
M^A/M^O		2.49	2.13							2.42		

注：安山凝灰岩、玄武岩微量元素数据根据文献；花岗斑岩脉微量元素数据根据文献，其余为本次测试分析结果，微量元素单位为 μg/g。

表 4-7 老厂矿区岩石样品稀土元素分析结果及蚀变岩稀土元素质量迁移计算结果

（%）

元素	安山凝灰岩，玄武岩 (13)	石榴石透辉石砂卡岩 (15)	黄铁矿化绢云母绿泥石青盘岩 (7)	石榴石透辉石砂卡岩 (15)		黄铁矿化绢云母绿泥石青盘岩 (7)		花岗斑岩脉 (8)	黄铁绢英岩 (6)	黄铁绢英岩 (6)	
				ΔC_i	$\Delta C_i/C_i^{\ominus}$	ΔC_i	$\Delta C_i/C_i^{\ominus}$			ΔC_i	$\Delta C_i/C_i^{\oplus}$
La	65.99	58.07	50.30	78.60	119.12	41.15	62.37	26.58	20.00	21.83	82.13
Ce	125.93	119.27	103.83	171.04	135.82	95.23	75.62	49.30	39.95	47.38	96.10
Pr	15.97	13.60	12.50	17.90	112.07	10.66	66.74	6.08	4.70	5.30	87.15
Nd	62.80	55.60	53.87	75.65	120.46	51.94	82.71	21.08	18.85	24.54	116.45
Sm	12.14	10.43	9.97	13.84	114.02	9.09	74.89	3.65	4.00	6.04	165.57
Eu	3.61	3.60	3.17	5.36	148.42	3.14	86.93	0.86	0.95	1.44	166.55
Gd	10.10	8.90	8.10	12.06	119.42	7.15	70.82	2.79	3.85	6.53	234.24
Tb	1.56	1.27	0.97	1.60	102.83	0.50	32.41	0.39	0.60	1.06	272.31
Dy	7.96	7.20	5.00	9.97	125.27	2.69	33.82	2.09	3.45	6.26	299.47
Ho	1.30	1.37	0.93	2.11	162.78	0.69	53.51	0.37	0.75	1.44	387.25
Er	3.67	3.50	2.17	5.04	137.36	0.94	25.69	0.99	1.95	3.73	377.87
Tm	0.48	0.47	0.30	0.68	140.41	0.16	32.21	0.16	0.30	0.56	346.77
Yb	3.01	2.70	1.60	3.72	123.60	0.40	13.35	1.03	1.85	3.44	333.61
Lu	0.41	0.33	0.20	0.42	102.44	0.02	3.90	0.13	0.30	0.59	447.92
Y	37.85	34.00	21.97	46.81	123.69	8.94	23.63	10.33	19.40	36.62	354.70
∑REE	352.76	320.30	274.87	444.79	126.09	232.71	65.97	125.82	120.90	166.76	132.55
M^A/M^0	2.49		2.13						2.42		

注：安山凝灰岩、玄武岩稀土元素数据根据文献，花岗斑岩脉稀土元素数据根据文献，其余为本次测试分析结果，稀土元素单位为 μg/g。

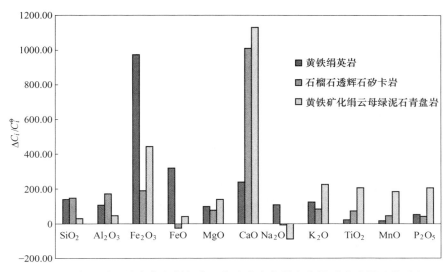

图 4-53　老厂矿区蚀变安山凝灰岩、玄武岩和花岗岩常量元素质量迁移对比

B　安山凝灰岩、玄武岩

以矽卡岩化和青盘岩化为例，讨论安山凝灰岩、玄武岩在不同蚀变带中常量元素的迁移特征（图 4-53）。

在石榴石透辉石矽卡岩化带（G-A-D）内，主要带入的常量元素有 SiO_2、Al_2O_3、Fe_2O_3、CaO，其中以 CaO 的带入最为明显，质量变化百分率为 1015.09%（表 4-5），K_2O、MgO、MnO、P_2O_5、TiO_2 微弱带入；Na_2O 表现为惰性；FeO 属于微弱带出，质量变化百分率为 29.13%。石榴石和透辉石的交代形成反映在微观上可能表现为 Ca 和 Fe 的带入。

黄铁矿化绢云母绿泥石青盘岩化带（P-S-C）内，主要带入的常量元素有 Fe_2O_3、MgO、CaO、K_2O、TiO_2、MnO、P_2O_5，其中以 Fe_2O_3、CaO 的带入最为明显，质量变化百分率分别为 445.98% 和 1129.23%（表 4-5），而 SiO_2、Al_2O_3、FeO 属于微弱带入；Na_2O 属于极度带出，质量变化百分率为 93.46%。

4.5.3.2　微量元素

A　花岗岩

花岗岩在矿化蚀变过程中，微量元素质量迁移对比如图 4-54 所示，从图中可以看出：黄铁绢英岩化带（P-S-Q）内，Cu、Cr、Ni、Co 发生了强烈到极度的带入，其质量变化百分率分别为 512.86%、707.23%、473.94%、761.60%；Rb、Cs、Bi 发生中等程度的带入（表 4-6）；Hf 表现出惰性；Zn、Sr、Ba 微弱带出，Pb、Mo 中等程度带出。

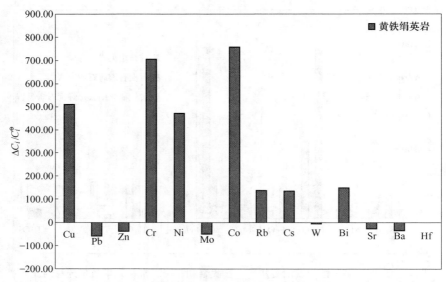

图 4-54　老厂矿区蚀变花岗岩微量元素质量迁移对比

B　安山凝灰岩、玄武岩

安山凝灰岩、玄武岩在矿化蚀变过程中，微量元素质量迁移对比如图 4-55 所示，从图中可以看出：

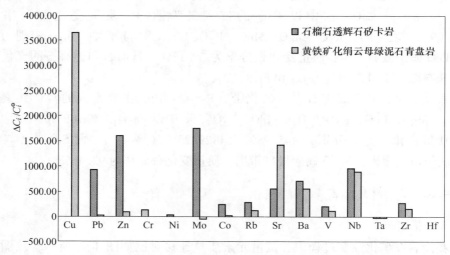

图 4-55　老厂矿区蚀变安山凝灰岩、玄武岩微量元素质量迁移对比

在石榴石透辉石矽卡岩化带（G-A-D）内，Pb、Zn、Mo、Sr、Ba、Nb 等元素大量带入，其中以 Zn、Mo 的带入量最大，其质量变化百分率分别为 1607.55%、1767.55%（表 4-6），Cr、Co、Rb、V、Zr 发生中等程度的带入，Ni

微弱带入；Cu、Hf 表现出惰性；Ta 微弱带出。

黄铁矿化绢云母绿泥石青盘岩化带（P-S-C）内，Cu、Sr、Ba、Nb 大量带入，其中 Cu 极度带入，其质量变化百分率为 3665.45%，Zn、Rb、V、Zr 中等带入，Cr、Co 微弱带入；Ta、Hf 表现出惰性；Mo 中等带出。

4.5.3.3 稀土元素

A 花岗斑岩

花岗斑岩在矿化蚀变过程中，稀土元素质量迁移对比如图 4-56 所示，从图中可以看出，黄铁绢英岩化带（P-S-Q）内，LREE 元素中等带入，HREE 元素强烈带入；无惰性组分和元素的带出（表 4-7）；ΣREE 总体上显示出中等带入。

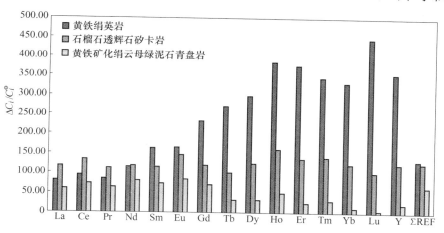

图 4-56 老厂矿区蚀变安山凝灰岩、玄武岩和花岗岩稀土元素质量迁移对比

B 安山凝灰岩、玄武岩

安山凝灰岩、玄武岩在矿化蚀变过程中，稀土元素质量迁移对比如图 4-56 所示，从图中可以看出，在石榴石透辉石矽卡岩化带（G-A-D）内，稀土元素的带入量较为稳定，质变变化均在 102.83% ~ 162.78% 之间，均属于中等带入；无惰性组分和元素的带出（表 4-7）；ΣREE 总体上显示出中等带入。

黄铁矿化绢云母绿泥石青盘岩化带（P-S-C）内，LREE 元素较 HREE 元素的带入量较大，除 Yb、Lu 轻微带入外，其余元素均微弱带入；无惰性组分和元素的带出（表 4-7）；ΣREE 总体上显示出微弱带入。

4.5.4 元素质量迁移特征解析

元素在各蚀变带中的质量迁移表现出一定的规律性，这种规律性取决于元素的地球化学特性及其在矿化蚀变过程中地球化学环境等因素。在蚀变过程中，发生带入的元素主要是成矿元素及其伴生元素，发生带出的元素既有常量元素，又有微量元素。通过以上分析可知：

（1）黄铁绢英岩化带（P-S-Q）内，主要带入的有 Fe_2O_3、FeO、CaO、K_2O、Cu、Ni、Cr、Co、HREE，主要带出的有 Pb、Mo。

（2）石榴石透辉石矽卡岩化带（G-A-D）内，主要带入的有 SiO_2、Al_2O_3、Fe_2O_3、CaO、Zn、Mo、Sr、Ba，FeO 属于微弱带出，无强烈与极度带出元素。

（3）黄铁矿化绢云母绿泥石青盘岩化带（P-S-C）内，主要带入的有 Fe_2O_3、MgO、CaO、K_2O、TiO_2、Cu、Sr、Ba、Nb，主要带出的有 Na_2O、Mo。

综上可知，Fe_2O_3、CaO 在每个蚀变带中都表现出带入，Cu、Ni、Cr、Co 主要富集在绢英岩化带中，Mo、Zn 主要富集于矽卡岩化带中，Sr、Ba、Nb 主要富集于青盘岩化带中。通过对蚀变岩元素质量迁移特征进行研究，对于我们寻找特定矿种及隐伏斑岩体的侵位空间具有重要的指示意义。

5 矿床地球化学

本章主要针对矿石矿物进行地球化学研究，试图探讨矿床的成因。岩石地球化学主要收集前人资料进行讨论。

样品主要取自老厂矿区的矿石矿物（黄铁矿、闪锌矿、方铅矿、含铜黄铁矿），分别采自 1575、1625、1650、1700、1725、1800、1850、1900、1930 等中段，共计 136 件。

5.1 岩石成矿元素地球化学

此次总结前人工作，据表 5-1 及图 5-1 可知。

表 5-1 老厂矿床地层成矿元素

岩性	样品号	Pb	Zn	Cu	Ag	Ga	Mo	Mn	Sn
	06LC54	91.68	152.77	145.2	0.89	20.33	1.38	1280.84	17.39
	06LC60	7.88	128.44	63.87	0.66	23.47	1.94	1011.78	6.89
	06LC61	15.22	45.98	196.44	0.58	18.8	6.47	456.94	6.04
	06LC79	13.09	115.3	96.51	0.58	22.42	1.23	1136.3	5.8
	06LC81	6.77	144.47	43.96	0.57	18.63	3.4	1185.8	5.13
	06LC83	10.58	98.69	79.42	0.52	19.49	1.58	1311.64	6.87
	1650-13	7.89	35.66	101.95	0.41	19.79	2.75	200.46	4.81
	1650-15	1741	782.32	1049.62	13.02	25.28	12.92	1859.66	44.75
	1650-17	14.76	71.76	257.84	0.94	22.81	2.29	604.78	8.33
C₁玄武岩	1650-19	6.01	80.65	65.93	0.66	22.73	0.81	755.04	5.56
	1650-31	7.38	196.22	54.27	0.65	19.74	2.52	1273.58	6.19
	1650-32	109.3	80.34	369.82	2.85	21.5	5.06	992.2	38.72
	1650-34	27.9	411.4	55.62	0.79	14.48	2.7	1109.68	4.41
	1650-36	137.2	179.72	70.36	1.43	17.61	1.71	1242.56	5.87
	1700-23	32.88	56.14	24.82	3.1	29.77	1.27	345.84	9.23
	1700-4	89.69	122.91	4661.8	7.88	13.86	5.91	1118.26	21.52
	1700-5	6.47	116.6	57.53	0.37	18.83	0.76	907.72	4.38
	1700-6	5.42	121.31	83.78	0.42	16.5	0.82	1992.98	4.85

C_1 玄武岩

岩性	样品号	Pb	Zn	Cu	Ag	Ga	Mo	Mn	Sn
C_{2+3}^{1+2}灰岩、白云岩	1650-34	79.77	137.9	3.03	0.23	0.17	0.31	544.6	0.88
	1725-12	24.21	390.5	6.23	0.21	0.77	0.28	486.1	1.27
	Lcs47-2	281.7	1592	66.54	2.46	0.68	0.14	2285	1.49
	1650-13	61.47	123.3	2.67	0.27	0.17	0.21	479.5	0.86
	Lcs45	18.03	38.6	3.33	0.07	0.35	0.27	621.3	0.98
	1700-26	78.55	155.4	3.54	0.6	0.38	0.2	2284	0.62
	1725-19	251.1	215.5	3.51	1.48	0.28	0.31	1141	1.35
	1700-8	101.7	202.9	2.99	1.06	0.31	0.16	1504	1.14
	1725-16	33.06	23.39	2.67	0.07	0.22	0.22	528.4	0.46
P_1灰岩	北象山2	120.4	66.95	7.17	0.63	0.11	0.07	306	0.45
	北象山4	64.18	19.62	4.45	0.16	0.04	0.09	35.76	0.82
	北象山1	36.92	99.79	3.28	0.16	0.01	0.07	7.62	0.37
花岗斑岩	ZK153-686m-1	334	242	267	4.29	19.75	59.9	453	12.2
	ZK153-686m-2	26	30	265	0.73	16.5	1910	193	11.4
	ZK153-686m-4	882	81	333	6.42	17.55	1880	835	9.5
	ZK153-686m-7	65.5	36	69.3	0.92	16	147.5	336	5.5
	ZK153-600m-1	75.5	24	147	1.81	13.6	52.4	454	7.6
	ZK153-600m-2	116	19	82.8	1.01	19.1	49.1	267	7.1
	ZK153-600m-3	41.6	33	118	0.79	17.05	59.4	237	6.2
	ZK153-600m-4	44.7	26	174.5	1.15	17	41.4	300	7.6
	ZK153-600m-7	44.6	19	110	0.53	16.75	12.05	188	7.3

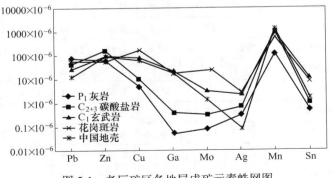

图5-1 老厂矿区各地层成矿元素蛛网图

（1）Zn、Ag 在 C_1 玄武岩有一定富集，而老厂矿床各地层内 Pb、Ag 均有明显富集，说明玄武岩可能为铅锌银矿提供物质来源。

（2）和中国花岗岩对比，老厂矿床的花岗斑岩 Pb、Zn、Cu、Mo、Ag、Sn 都有富集，说明花岗斑岩对铅锌矿、铜钼矿有可能提供物质来源。

（3）老厂矿床内的碳酸盐岩有 Zn、Pb、Ag 富集，说明碳酸盐岩与成矿有一定关系，可能提供部分成矿物质来源。

5.2 矿石矿物微量元素地球化学特征

5.2.1 黄铁矿的微量元素地球化学特征

黄铁矿从某种程度上可以指示矿床类型及成因等信息，我们可以通过研究 Co、Ni、As、Se、Te 等元素和 Co/Ni，Se/Te 等比值讨论硫化物矿床的成因问题。以往也对老厂矿床的黄铁矿进行过一定研究，本节对不同中段、不同矿体内的黄铁矿进行分析，尝试确定不同矿体内黄铁矿微量元素特征。

由表 5-2~表 5-7 可知：

1930m 中段 IV 矿体黄铁矿的 Co/Ni 比值可分为两组，一组大致在 0.41~0.61 之间，另外一组 8.27~30。如我们所知，Co/Ni 比值指示黄铁矿成因，Co/Ni>5 指示火山成因，1<Co/Ni<5 指示岩浆热液成因，Co/Ni<1 指示变质热液成因。故 1930m 中段 IV 矿体主要是由火山喷流沉积经过后期热液变质作用形成的，总体来说，是火山成因及后期热液叠加作用形成的。

1800m 中段 II 矿体 Co/Ni 比值为 12.45~36.87，为火山成因，与火山岩有直接关系。

1700m 中段 II 14 矿体 Co/Ni 分三组：0.70~0.89、2.09~3.76、5.28；1675m 中段 II 14 矿体 Co/Ni 比值也可分为三组：一组为 0.48~0.89，另一个组为 1.93，第三组为 5.27，可知 II 14 矿体主要由岩浆热液成因及热液变质成因为主，可能是后期喜山期岩浆侵入，并引发热液变质等作用形成的，还受到部分火山作用影响。

1650m 中段 I31 矿体 Co/Ni 比值为 3.45~4.97，其中一个值达 7.63，故认为 I 31 矿体主要与岩浆热液有关。1575m 中段 I 11 矿体 Co/Ni 比值在 1.59~5.15，其中大部分都在 1.59~2.41，故认为 I 11 矿体主要与岩浆热液有关。

总结以上数据，可发现矿床成因从地表往深部存在以下规律：热液变质→火山成因→火山成因、岩浆热液、变质热液→岩浆热液、变质热液→岩浆热液。对应地层可表现为顶部碳酸盐岩地层以火山喷流沉积后引发的热液变质作用为主；玄武岩与碳酸盐岩接触带以火山喷流沉积及热液变质作用为主；玄武岩内以火山成因为主；玄武岩底部与花岗斑岩接触带以火山喷流沉积、岩浆侵入及其各自引发的热液变质作用叠加；花岗斑岩顶部（矽卡岩带）以岩浆热液作用为主。

各个中段不同矿体中，Cu、Ag 含量较高，从上至下可看出，Ag 含量呈缓慢递减趋势，Cu 含量逐渐增加，而最底部 1575 中段 Cu 含量锐减（可能样品含铜较少，或已是花岗斑岩体内，铜矿主要赋存于矽卡岩带及火山岩底部），Mo 有缓慢增加的趋势，其中 Ga、Ge、As 元素含量较为稳定。

表 5-2　老厂矿床 1930 中段 Ⅳ 矿体黄铁矿微量元素表　　　　　（×10⁻⁶）

样品号	13LC-Y₁-01	13LC-Y₁-02	13LC-Y₁-B	13LC-Y₁-A	13LC-Y₁-E（附）
Li7	0.284	0.209	0.208	0.114	0.206
Be9	0.1886	0.15843287	0.0710	0.0443	0.0363
Sc45	-3.13×10^{-2}	5.85×10^{-2}	-0.132	-0.264	3.44×10^{-3}
V51	0.197	0.305	-0.87	-0.581	3.93×10^{-2}
Cr53	5.36	4.86	1.46	1.83	3.21
Co59	125	208	10.7	13	7.74
Ni60	15.1	6.86	21.6	19.6	18.3
Cu65	556.4625	682.770678	328.5779	408.0725	377.1579
Zn66	8.19×10^{3}	3.99×10^{3}	1.52×10^{4}	2.52×10^{4}	2.32×10^{4}
Ga71	0.486	0.224	0.667	0.975	0.987
Ge74	0.627	0.588	0.541	0.651	0.619
As75	275	170	512	499	401
Rb85	0.401	0.122	0.322	0.403	0.345
Sr86	1.43	0.612	0.248	0.347	0.367
Y89	0.574	0.112	0.717	1.04	0.835
Zr91	2.72	1.48	3.59	4.06	3.75
Nb93	0.1932	0.04709724	0.2259	0.3605	0.2735
Mo100	0.973	0.644	0.813	1.44	1.17
Ag109	71.8	55.6	153	215	215
Cd114	28.1016	13.0573056	52.2292	85.7240	78.9115
In115	15.6817	7.48625277	27.2657	43.2627	39.4801
Sn120	9.2724	4.44233877	16.0160	18.2920	18.1234
Sb123	9.0437	6.24276814	16.3313	22.0385	22.3897
Cs133	8.30×10^{-2}	7.16×10^{-2}	4.70×10^{-2}	5.95×10^{-2}	4.66×10^{-2}

样品号	13LC-Y₁-01	13LC-Y₁-02	13LC-Y₁-B	13LC-Y₁-A	13LC-Y₁-E（附）
Ba135	1.88	−0.185	−0.435	−0.392	−0.443
Hf179	0.0205	0.01488969	0.0320	0.0194	0.0343
Ta181	0.0137	0.00189696	0.0111	0.0168	0.0231
W184	2.45	0.829	4.3	5.82	5.5
Tl205	0.732	0.486	1.13	1.64	1.33
Pb206	1.34×10^4	1.09×10^4	3.40×10^4	5.05×10^4	5.34×10^4
Bi209	97.4	81	228	439	434
Th232	6.08×10^{-2}	9.07×10^{-3}	3.31×10^{-2}	4.02×10^{-2}	4.06×10^{-2}
U238	0.685	0.131	0.809	0.955	0.797
Li7	0.284	0.209	0.208	0.114	0.206
Be9	0.1886	0.15843287	0.0710	0.0443	0.0363
Sc45	$−3.13 \times 10^{-2}$	5.85×10^{-2}	−0.132	−0.264	3.44×10^{-3}
V51	0.197	0.305	−0.87	−0.581	3.93×10^{-2}
Cr53	5.36	4.86	1.46	1.83	3.21
Co59	125	208	10.7	13	7.74
Ni60	15.1	6.86	21.6	19.6	18.3
Cu65	556.4625	682.770678	328.5779	408.0725	377.1579
Zn66	8.19×10^3	3.99×10^3	1.52×10^4	2.52×10^4	2.32×10^4
Ga71	0.486	0.224	0.667	0.975	0.987
Ge74	0.627	0.588	0.541	0.651	0.619
As75	275	170	512	499	401
Rb85	0.401	0.122	0.322	0.403	0.345
Sr86	1.43	0.612	0.248	0.347	0.367
Y89	0.574	0.112	0.717	1.04	0.835
Zr91	2.72	1.48	3.59	4.06	3.75
Nb93	0.1932	0.04709724	0.2259	0.3605	0.2735
Mo100	0.973	0.644	0.813	1.44	1.17
Ag109	71.8	55.6	153	215	215

样品号	13LC-Y₁-01	13LC-Y₁-02	13LC-Y₁-B	13LC-Y₁-A	13LC-Y₁-E（附）
Cd114	28. 1016	13. 0573056	52. 2292	85. 7240	78. 9115
In115	15. 6817	7. 48625277	27. 2657	43. 2627	39. 4801
Sn120	9. 2724	4. 44233877	16. 0160	18. 2920	18. 1234
Sb123	9. 0437	6. 24276814	16. 3313	22. 0385	22. 3897
Cs133	8.30×10^{-2}	7.16×10^{-2}	4.70×10^{-2}	5.95×10^{-2}	4.66×10^{-2}
Ba135	1. 88	−0. 185	−0. 435	−0. 392	−0. 443
Hf179	0. 0205	0. 01488969	0. 0320	0. 0194	0. 0343
Ta181	0. 0137	0. 00189696	0. 0111	0. 0168	0. 0231
W184	2. 45	0. 829	4. 3	5. 82	5. 5
Tl205	0. 732	0. 486	1. 13	1. 64	1. 33
Pb206	1.34×10^{4}	1.09×10^{4}	3.40×10^{4}	5.05×10^{4}	5.34×10^{4}
Bi209	97. 4	81	228	439	434
Th232	6.08×10^{-2}	9.07×10^{-3}	3.31×10^{-2}	4.02×10^{-2}	4.06×10^{-2}
U238	0. 685	0. 131	0. 809	0. 955	0. 797

表 5-3 老厂矿床 1800 中段 Ⅱ 矿体黄铁矿微量元素表 （$\times10^{-6}$）

样品号	Ⅲ-006	Ⅲ-007	Ⅲ-008	Ⅲ-008（附）	Ⅲ-010
Li7	6.02×10^{-2}	1.08×10^{-2}	-4.51×10^{-2}	2.24×10^{-2}	3.36×10^{-2}
Be9	0. 081224741	0. 038716	0. 100973	0. 143928456	0. 188557434
Sc45	−0. 106	−0. 131	−0. 126	−0. 194	0. 165
V51	−0. 167	0. 248	0. 332	−0. 198	0. 759
Cr53	6. 05	5. 1	5. 64	5. 48	6. 71
Co59	260	88. 9	58. 4	56. 8	65. 9
Ni60	7. 05	6. 51	4. 69	4. 56	5. 02
Cu65	94. 5103008	345. 3601	226. 1181	219. 935186	240. 2504843
Zn66	4.67×10^{3}	1.06×10^{4}	6.90×10^{3}	6.79×10^{3}	6.30×10^{3}
Ga71	0. 169	0. 324	0. 184	0. 202	0. 251
Ge74	0. 899	0. 987	2. 51	2. 33	1. 08
As75	198	336	260	249	273

样品号	Ⅲ-006	Ⅲ-007	Ⅲ-008	Ⅲ-008（附）	Ⅲ-010
Rb85	0.12	0.197	0.116	0.117	0.247
Sr86	0.637	0.311	0.3	0.313	0.436
Y89	1.48×10^{-2}	1.46×10^{-2}	1.54×10^{-2}	1.32×10^{-2}	2.32×10^{-2}
Zr91	1.65	2.6	1.97	1.85	2.37
Nb93	0.029027962	0.024929	0.023507	0.024343334	0.03948472
Mo100	0.467	5.42	3.86	3.78	4.99
Ag109	111	125	646	634	177
Cd114	7.493757969	25.60367	32.92712	31.90524226	16.46355918
In115	1.56817295	3.081184	5.973242	5.752594237	3.483077607
Sn120	1.070544638	1.222275	2.554134	2.444550748	1.239134345
Sb123	11.15093605	28.18465	18.43856	18.52635832	16.15568688
Cs133	0.282	0.312	0.121	0.123	0.229
Ba135	−0.176	−0.534	−0.458	−0.447	−0.409
Hf179	0.004802764	0.005933	−0.00566	−0.002160684	0.002977937
Ta181	0.000896148	0.000811	0.001119	0.002551078	0.001478317
W184	4.74	28.7	26.3	26.3	17.8
Tl205	2	2.88	1.42	1.4	2.07
Pb206	4.51×10^3	8.85×10^3	2.39×10^4	2.32×10^4	8.53×10^3
Bi209	486	403	2.09×10^3	1.98×10^3	612
Th232	1.39×10^{-2}	5.52×10^{-3}	3.76×10^{-3}	2.95×10^{-3}	1.22×10^{-2}
U238	4.87×10^{-2}	9.22×10^{-2}	2.57×10^{-2}	2.03×10^{-2}	5.82×10^{-2}

表 5-4 老厂矿床 1700m 中段 Ⅱ14 矿体黄铁矿微量元素表 （$\times 10^{-6}$）

样品号	12LC-1700-Ⅱ14-02	12LC-1700-Ⅱ14-03	12LC-1700-Ⅱ14-04	12LC-1700-Ⅱ14-07	12LC-1700-Ⅱ14-08
Li7	0.309	0.128	2.45×10^{-2}	0.139	7.76×10^{-3}
Be9	0.094836579	0.017628447	−0.015731715	0.031575002	0.042955392
Sc45	1.71	0.251	0.158	0.207	0.183
V51	5.75	2.43	0.965	0.68	0.701
Cr53	6.69	7.57	6.32	7.52	5.9

样品号	12LC-1700-Ⅱ14-02	12LC-1700-Ⅱ14-03	12LC-1700-Ⅱ14-04	12LC-1700-Ⅱ14-07	12LC-1700-Ⅱ14-08
Co59	15. 2	43. 9	4. 48	11. 7	15. 2
Ni60	16. 9	21	0. 847	3. 11	21. 6
Cu65	72. 69343697	3541. 928096	4036. 561446	1121. 757776	180. 1878632
Zn66	84	355	839	524	184
Ga71	0. 492	0. 484	0. 599	0. 337	0. 188
Ge74	1. 06	1. 06	1. 07	0. 656	0. 446
As75	465	991	354	682	448
Rb85	1. 17	0. 851	0. 228	0. 351	0. 167
Sr86	2. 75	1. 19	0. 582	0. 692	0. 932
Y89	5. 24	0. 765	$4. 34×10^{-2}$	$8. 28×10^{-2}$	0. 127
Zr91	8. 75	6. 3	2. 73	4	3. 2
Nb93	1. 397022934	0. 342145138	0. 079053094	0. 035803941	0. 075790586
Mo100	2. 25	$1. 19×10^{-2}$	0. 332	0. 792	0. 378
Ag109	94. 3	131	181	86. 7	40
Cd114	0. 698281993	2. 395731714	5. 274016025	1. 845054046	0. 891303031
In115	0. 241136142	6. 879472286	13. 00243903	4. 074097562	0. 547678492
Sn120	4. 703652818	24. 52980233	22. 92820012	10. 62115153	5. 049261717
Sb123	21. 07263506	10. 27290959	32. 31137376	9. 570488423	5. 786194377
Cs133	0. 644	0. 105	$6. 35×10^{-2}$	$3. 81×10^{-2}$	$2. 54×10^{-2}$
Ba135	2. 8	0. 664	−0. 363	0. 172	$−9. 87×10^{-2}$
Hf179	0. 123147782	0. 01992755	0. 006392489	−0. 001298649	0. 011531111
Ta181	0. 105967847	0. 020016149	0. 005121779	0. 011774205	0. 014259871
W184	12. 2	7. 83	2. 99	4. 01	2. 12
Tl205	6. 64	0. 617	1. 16	0. 152	0. 207
Pb206	$5. 54×10^{3}$	$5. 88×10^{3}$	$7. 98×10^{3}$	$3. 39×10^{3}$	$1. 90×10^{3}$
Bi209	253	406	900	398	62. 5
Th232	0. 136	$4. 91×10^{-2}$	$2. 31×10^{-3}$	$1. 90×10^{-2}$	0. 112
U238	0. 617	0. 145	$8. 51×10^{-2}$	0. 402	$5. 10×10^{-2}$

表 5-5 老厂矿床 1675m 中段 Ⅱ14 矿体黄铁矿微量元素表 （×10^{-6}）

样品号	Ⅲ-015	Ⅲ-016	Ⅲ-017	Ⅲ-018	Ⅲ-013
Li7	7.22×10^{-2}	0.117	6.56×10^{-2}	9.64×10^{-2}	6.66×10^{-2}
Be9	−0.039050356	0.07252209	0.13835	0.011715	−0.0145
Sc45	−0.212	−0.16	−5.23×10^{-2}	−0.144	−8.47×10^{-2}
V51	0.713	−0.205	0.352	−0.196	3.02×10^{-2}
Cr53	5.75	4.38	3.99	3.8	6.67
Co59	9.17	1.26	2.55	2.13	7.28
Ni60	4.74	2.6	4.41	2.38	1.38
Cu65	558.2290664	582.9607339	593.56	801.1294	322.395
Zn66	8.71×10^3	1.46×10^3	1.16×10^4	824	5.01×10^3
Ga71	0.652	0.566	1.18	0.404	0.464
Ge74	0.624	0.692	0.669	0.692	0.446
As75	610	318	350	314	613
Rb85	0.265	0.438	0.35	0.234	0.127
Sr86	0.33	0.561	0.239	0.258	0.282
Y89	0.103	9.30×10^{-2}	9.01×10^{-2}	7.56×10^{-2}	7.13×10^{-2}
Zr91	4.48	2.87	3.1	2.97	4.31
Nb93	0.189058194	0.130500346	0.22252	0.158106	0.098712
Mo100	0.58	2.06	0.998	1.52	0.201
Ag109	87.7	158	83.5	186	109
Cd114	31.45107511	7.380216182	39.11515	4.558703	19.92658
In115	11.42638581	9.535121955	33.09712	5.989002	3.766767
Sn120	10.53685667	23.93973836	28.74455	19.21923	9.778203
Sb123	30.73092613	18.96537155	20.89703	16.33129	8.411493
Cs133	0.323	0.204	7.64×10^{-2}	5.57×10^{-2}	0.239
Ba135	−0.436	2.94×10^{-2}	−0.186	−0.415	−0.648
Hf179	0.025077367	0.023286126	0.005598	0.011419	0.018024
Ta181	0.012689977	0.007587821	0.017465	0.012167	0.005985
W184	8.82	20.5	21.7	158	2.98
Tl205	2.02	3.98	1.32	1.18	0.62
Pb206	2.85×10^4	1.53×10^4	1.22×10^4	1.19×10^4	1.51×10^4
Bi209	149	357	113	417	210
Th232	2.77×10^{-2}	2.69×10^{-2}	1.83×10^{-2}	1.88×10^{-2}	1.91×10^{-2}
U238	0.498	0.142	0.289	0.13	0.215

表 5-6 老厂矿床 1650 中段Ⅰ31 矿体黄铁矿微量元素表　　　（×10⁻⁶）

样品号	LC13-1650-Ⅰ31-01	LC13-1650-Ⅰ31-02	LC13-1650-Ⅰ31-03	LC13-1650-Ⅰ31-04	LC13-1650-Ⅰ31-05
Li7	0.123	8.97×10⁻²	0.18	0.224	0.145
Be9	0.087138081	0.014727563	0.132771211	0.140581283	0.256616627
Sc45	−0.129	−6.42×10⁻²	−0.136	−0.279	0.206
V51	0.454	0.399	2.15×10⁻²	0.283	0.438
Cr53	4.27	3.78	3.97	3.19	5.22
Co59	24.3	9.9	12.1	17.4	16.8
Ni60	6.38	2.3	2.43	2.28	4.86
Cu65	288.8305454	486.6838854	336.5273328	1059.928607	324.161499
Zn66	97.4	196	377	931	119
Ga71	0.325	0.474	0.268	0.409	0.415
Ge74	0.735	1.31	0.793	1.63	0.892
As75	1.12×10³	354	190	118	211
Rb85	0.24	0.198	0.183	0.217	0.131
Sr86	0.594	0.629	0.383	0.831	0.381
Y89	0.333	0.275	0.157	0.366	5.62×10⁻²
Zr91	9.06	3.06	1.96	1.52	1.85
Nb93	0.612347777	0.102057963	0.097875259	0.171490839	0.073950196
Mo100	1.83	1.54	3.07	0.397	1.18
Ag109	93.8	59.3	76.4	138	84.1
Cd114	0.970782282	1.26599093	2.16864814	4.303233743	1.124063695
In115	0.992913526	0.70843592	2.45076275	4.302625279	3.892851443
Sn120	6.271537091	5.361152675	3.810127373	4.383332376	3.649967151
Sb123	8.63100011	7.990040794	13.08259427	3.933558545	12.3801731
Cs133	8.87×10⁻²	0.631	0.619	1.82	0.545
Ba135	0.176	−0.13	2.42×10⁻²	−0.12	−0.372
Hf179	0.060454366	0.009683894	0.000106579	0.00839644	−0.001724069
Ta181	0.038200755	0.010008074	0.006933699	0.016941773	0.006318823
W184	2.23	3.31	4.43	4.86	2.12
Tl205	0.248	0.935	3.28	2.27	2.83
Pb206	7.66×10³	5.99×10³	4.11×10³	7.65×10³	3.10×10³
Bi209	247	111	608	469	1.13×10³
Th232	8.11×10⁻²	2.73×10⁻²	2.51×10⁻²	3.06×10⁻²	3.52×10⁻²
U238	0.919	1.33	0.548	2.19	0.343

表 5-7　老厂矿床 1575 中段 I 11 矿体黄铁矿微量元素表　　　（×10⁻⁶）

样品号	LC13-1575- I 11-01	LC13-1575- I 11-02	LC13-1575- I 11-03	LC13-1575- I 11-04	LC13-1575- I 11-05
Li7	0.137	0.258	0.695	0.126	0.171
Be9	0.132771211	0.117151069	0.262195249	0.152854252	0.031240285
Sc45	−0.241	−0.107	−0.153	−0.514	−0.322
V51	1.36	1.68	2.11	0.668	1.01
Cr53	13	4.77	4.65	2.68	3.79
Co59	38	51.6	75.7	74.3	78
Ni60	19	21.4	45	14.4	48.9
Cu65	82.05613967	61.03422229	65.36226411	43.28041812	82.85108612
Zn66	133	28	66.9	240	46.5
Ga71	0.594	0.433	1.17	0.502	0.44
Ge74	1.08	0.791	2.73	0.741	1.31
As75	142	118	113	147	149
Rb85	0.199	0.171	0.83	0.268	0.182
Sr86	1.98	1.17	3.08	1.49	1.6
Y89	1.01	0.69	2.44	0.782	0.352
Zr91	21	10.7	40.7	13.1	8.28
Nb93	3.003181039	1.422119155	5.730303653	2.359044716	0.832357976
Mo100	6.66	10.2	0.65	2.63	0.181
Ag109	39.9	41.7	103	103	59.7
Cd114	0.794792512	0.354818086	1.016198997	1.424949432	0.548406833
In115	0.782510422	0.392437251	2.104031043	1.126878049	0.57604745
Sn120	5.521312896	1.905063686	4.079870903	4.459197744	2.545704572
Sb123	11.50214664	4.662320507	9.043672547	12.46797574	5.022311356
Cs133	0.284	0.116	0.809	0.11	0.424
Ba135	−1.24×10⁻²	−0.158	2.44	0.586	−0.12
Hf179	0.450049168	0.161211642	0.836285395	0.281000849	0.151135915
Ta181	0.188387283	0.108584337	0.415367794	0.154372912	0.060637157
W184	10.1	22.1	33.9	18.7	16.6
Tl205	0.546	0.49	0.694	0.296	0.386
Pb206	1.29×10³	1.37×10³	2.85×10³	3.42×10³	1.99×10³

样品号	LC13-1575-Ⅰ11-01	LC13-1575-Ⅰ11-02	LC13-1575-Ⅰ11-03	LC13-1575-Ⅰ11-04	LC13-1575-Ⅰ11-05
Bi209	420	489	1.45×10^3	1.13×10^3	742
Th232	0.316	0.132	0.638	0.296	8.85×10^{-2}
U238	0.306	0.157	0.534	0.277	0.174

5.2.2 方铅矿的微量元素地球化学特征

此次实验未对方铅矿进行微量元素测定，仅收集前人资料加以分析。

据龙汉生的研究，老厂矿床方铅矿 Ag、Sb、Sn 含量较高，Ge、Cd、Te 含量低，老厂 Ag/Pb（10^{-3}）为 14.57，大于 0.5，Sb/Pb（10^{-3}）为 10.44，大于 1，认为是岩浆热液型。根据 lnSb-lnBi 图解（图 5-2），主要 为岩浆热液作用，说明方铅矿受到岩浆热液成矿作用及后期热液改造作用。

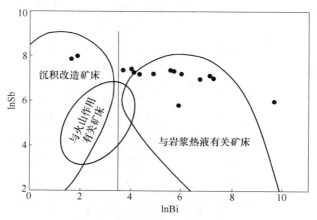

图 5-2　老厂银多金属矿床方铅矿 lnSb-lnBi 图解

5.2.3 闪锌矿的微量元素地球化学特征

据龙汉生研究，闪锌矿 Mn、Cu、Ga、Cd、In 含量较高，其中 Zn/Cd 的比值较低，为 98～132。通常火山沉积型矿床的闪锌矿 Zn/Cd 比值达 417～531，沉积变质型铅锌矿床的闪锌矿 Zn/Cd 比值为 252～330，热液型矿床闪锌矿 Zn/Cd 比值最低为 104～214。闪锌矿表现出较低的 Ga 和较富的 In，并且 Ga/In 和 Ge/In 比值较低，表明为高温热液作用。如图 5-3 所示，闪锌矿以岩浆热液成因为主，少量与火山成因相关。

其中值得一提的是，龙汉生博士的样品主要取自 1725m 中段，而后期 1930m 的矿体为新发现矿体，此次由于工作时间问题，未对 1930 中段闪锌矿、方铅矿

进行微量元素测试，而图 5-3 表现出的少量火山成因也可能印证黄铁矿指示的
规律。

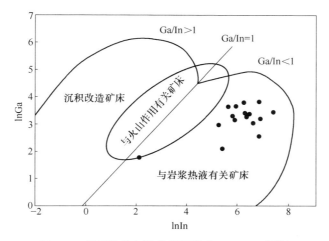

图 5-3 老厂银多金属矿床闪锌矿 lnGa-lnIn 图解

5.3 矿石稀土元素地球化学特征

通常认为硫化物的稀土元素组成能够真实地反映成矿流体稀土元素特征。从
图 5-4～图 5-9 及表 5-8～表 5-13 可以看出：

（1）1930 中段 Ⅳ 矿体黄铁矿 ΣREE （1.32～2.77）×10⁻⁶，平均 1.58×10⁻⁶，
轻稀土与重稀土分异较弱，(La/Yb)$_N$ 为 1.90～5.53，平均 3.59，轻稀土分异较
弱，(La/Sm)$_N$ 为 1.81～3.57，平均 2.53，重稀土分异较弱，(Gd/Yb)$_N$ 为 2.00～
2.74，平均 2.48。δEu 为 0.34～0.94，Eu 呈现明显的负异常，而老厂矿床的玄
武岩一直体现出 Eu 正异常，而Ⅳ矿体的 Eu 负异常可能为后期变质改造叠加影响
的结果。Ce 为弱负异常到弱的正异常，δCe 为 0.94～1.04；根据研究开阔洋盆中
的海水有 Ce 负异常。总体来说，轻稀土和重稀土存在弱的右倾趋势，且两者分
异较弱，Eu 存在明显负异常，Ce 有弱负异常到弱的正异常。

（2）1800 中段 Ⅱ 矿体 ΣREE （0.29～5.21）×10⁻⁶，平均 4.43×10⁻⁶，轻稀土
与重稀土分异一般，(La/Yb)$_N$ 为 14.22～321.53，平均 81.30，轻稀土分异强，
(La/Sm)$_N$ 为 2.26～8.31，平均 7.16，重稀土分异较弱， (Gd/Yb)$_N$ 为 3.49～
48.63，平均 13.67。δEu 为 0.63～1.67，Eu 呈现明显的正异常和个别负异常，
Eu 正异常可能为火山岩作用导致。Ce 为弱负异常，δCe 为 0.84～0.95；可能存
在少量海水参与成矿作用。总体来说，轻稀土和重稀土存在右倾趋势，且轻稀土
分异较强，重稀土分异较弱，Eu 存在正异常和个别负异常，Ce 有弱负异常。

（3）1700 中段 Ⅱ₁₄ 矿体 ΣREE （0.37～21.58）×10⁻⁶，平均 6.57×10⁻⁶，轻稀

土与重稀土分异一般，$(La/Yb)_N$ 为 8.30～109.79，平均 44.13，轻稀土分异强，$(La/Sm)_N$ 为 5.4～17.00，平均 10.91，重稀土分异较弱，$(Gd/Yb)_N$ 为 2.26～6.25，平均 4.14。δEu 为 0.76～1.96，Eu 呈现正异常和负异常两组，Eu 正异常可能为火山岩作用导致、负异常可能为热液变质作用导致。Ce 为弱负异常，δCe 为 0.86～0.96；可能存在少量海水参与成矿作用。总体来说，轻稀土和重稀土存在右倾趋势，且轻稀土分异较强，重稀土分异较弱，Eu 存在正异常和负异常，Ce 有弱负异常。

（4）1675 中段 II 14 矿体 ΣREE（0.29～0.72）$\times 10^{-6}$，平均 0.52×10^{-6}，轻稀土与重稀土分异较弱，$(La/Yb)_N$ 为 1.99～30.93，平均 14.66，轻稀土分异一般，$(La/Sm)_N$ 为 2.27～9.00，平均 4.83，重稀土分异较弱，$(Gd/Yb)_N$ 为 1.07～4.98，平均 3.07。δEu 为 0.47～1.37，Eu 呈现正异常和个别负异常，Ce 为弱负异常，δCe 为 0.77～0.92。总体来说，轻稀土和重稀土存在右倾趋势，且轻稀土分异一般，重稀土分异较弱，Eu 存在正异常和个别负异常，Ce 有弱负异常。

（5）1650 中段 I31 矿体 ΣREE（0.81～2.11）$\times 10^{-6}$，平均 1.29×10^{-6}，轻稀土与重稀土分异较弱，$(La/Yb)_N$ 为 6.12～38.41，平均 19.16，轻稀土分异较强，$(La/Sm)_N$ 为 3.28～8.14，平均 5.34，重稀土分异较弱，$(Gd/Yb)_N$ 为 2.46～7.94，平均 4.80。δEu 为 0.51～1.09，Eu 呈现正异常和负异常两组，存在火山作用和热液作用叠加，Ce 为弱负异常，δCe 为 0.85～0.96。总体来说，轻稀土和重稀土存在右倾趋势，且轻稀土分异较强，重稀土分异较弱，Eu 存在正异常和负异常，Ce 有弱负异常。

1575 中段 I 11 矿体 ΣREE（2.54～24.84）$\times 10^{-6}$，平均 9.15×10^{-6}，轻稀土与重稀土分异一般，$(La/Yb)_N$ 为 7.67～17.74，平均 12.31，轻稀土分异一般，$(La/Sm)_N$ 为 5.24～7.80，平均 6.75，重稀土分异较弱，$(Gd/Yb)_N$ 为 1.24～2.60，平均 2.03。δEu 为 0.68～1.21，Eu 呈现正异常和负异常两组，Ce 为弱负异常和弱正异常，δCe 为 0.98～1.06。总体来说，轻稀土和重稀土存在右倾趋势，且轻稀土分异一般，重稀土分异较弱，Eu 存在正异常和负异常，Ce 有弱负异常和弱正异常。

综合以上的数据，总体来说这些不同中段、不同矿体的黄铁矿 ΣREE 较低，有向右倾的轻稀土富集，有两组 Eu 正异常与负异常，Ce 一般呈现弱负异常，也少量存在弱正异常。Eu 的异常根据高程从上至下体现出热液作用、火山作用→火山作用为主→热液、火山、岩浆作用→热液作用、岩浆作用的规律。Ce 的负异常说明海水参与成矿，而 Ce 的负异常与 Eu 的正异常说明深部热液流体与海水互相作用。

由于取样原因及实验进度，本节在此不对不同高程及矿体的其他矿石（闪锌矿、方铅矿）进行分析。

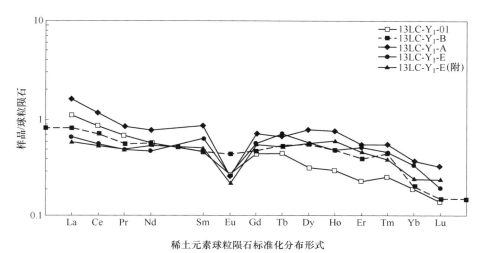

稀土元素球粒陨石标准化分布形式

图 5-4　老厂矿床 1930 中段Ⅳ矿体黄铁矿稀土元素配分模式

表 5-8　老厂矿床 1930 中段Ⅳ矿体黄铁矿稀土元素　　（×10⁻⁶）

样品名	13LC-Y$_1$-01	13LC-Y$_1$-B	13LC-Y$_1$-A	13LC-Y$_1$-E	13LC-Y$_1$-E（附）
La	0.260	0.195	0.383	0.156	0.141
Ce	0.525	0.441	0.704	0.339	0.333
Pr	0.065	0.053	0.080	0.047	0.048
Nd	0.268	0.270	0.362	0.221	0.253
Sm	0.073	0.071	0.132	0.098	0.078
Eu	0.016	0.026	0.015	0.016	0.013
Gd	0.092	0.098	0.147	0.117	0.116
Tb	0.017	0.020	0.025	0.027	0.020
Dy	0.083	0.142	0.202	0.146	0.148
Ho	0.017	0.028	0.044	0.028	0.034
Er	0.040	0.066	0.093	0.086	0.077
Tm	0.007	0.012	0.014	0.012	0.010
Yb	0.034	0.036	0.065	0.059	0.043
Lu	0.004	0.004	0.009	0.005	0.006
Y	0.574	0.717	1.040	0.893	0.835
ΣREE	1.50	1.46	2.27	1.36	1.32
LREE	1.21	1.06	1.68	0.88	0.87

样品名	13LC-Y₁-01	13LC-Y₁-B	13LC-Y₁-A	13LC-Y₁-E	13LC-Y₁-E（附）
HREE	0.29	0.40	0.60	0.48	0.46
LREE/HREE	4.12	2.61	2.80	1.83	1.90
LaN/YbN	5.53	3.92	4.25	1.90	2.34
δEu	0.60	0.94	0.34	0.45	0.42
δCe	0.96	1.04	0.94	0.97	0.99
La/Sm	3.57	2.77	2.90	1.59	1.81
Gd/Yb	2.72	2.74	2.28	2.00	2.68

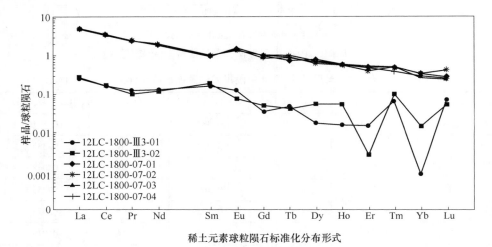

稀土元素球粒陨石标准化分布形式

图 5-5　老厂矿床 1800 中段Ⅱ矿体黄铁矿稀土元素配分模式

表 5-9　老厂矿床 1800 中段Ⅱ矿体黄铁矿稀土元素　　（×10⁻⁶）

样品号	12LC-1800-Ⅲ3-01	12LC-1800-Ⅲ3-02	12LC-1800-07-01	12LC-1800-07-02	12LC-1800-07-03	12LC-1800-07-04
La	0.064	0.066	1.190	1.170	1.180	1.180
Ce	0.102	0.104	2.160	2.130	2.130	2.130
Pr	0.012	0.010	0.227	0.230	0.222	0.238
Nd	0.060	0.057	0.942	0.875	0.882	0.859
Sm	0.025	0.029	0.161	0.159	0.142	0.149
Eu	0.007	0.004	0.079	0.087	0.095	0.082
Gd	0.007	0.010	0.214	0.206	0.212	0.176
Tb	0.002	0.002	0.036	0.033	0.029	0.035

样品号	12LC-1800-Ⅲ3-01	12LC-1800-Ⅲ3-02	12LC-1800-07-01	12LC-1800-07-02	12LC-1800-07-03	12LC-1800-07-04
Dy	0.004	0.014	0.180	0.163	0.195	0.179
Ho	0.001	0.003	0.033	0.032	0.034	0.034
Er	0.002	0.000	0.083	0.067	0.089	0.080
Tm	0.002	0.003	0.013	0.013	0.012	0.010
Yb	0.000	0.002	0.048	0.059	0.056	0.050
Lu	0.002	0.001	0.006	0.011	0.007	0.007
Y	0.039	0.048	1.090	1.060	1.030	1.050
ΣREE	0.29	0.31	5.37	5.23	5.28	5.21
LREE	0.27	0.27	4.76	4.65	4.65	4.64
HREE	0.02	0.04	0.61	0.58	0.63	0.57
LREE/HREE	13.50	7.55	7.77	7.97	7.34	8.12
LaN/YbN	321.53	20.59	17.89	14.22	15.01	16.89
δEu	1.26	0.63	1.30	1.47	1.67	1.55
δCe	0.84	0.89	0.95	0.95	0.95	0.93
La/Sm	2.54	2.26	7.39	7.36	8.31	7.92
Gd/Yb	48.63	4.48	4.49	3.49	3.76	3.52

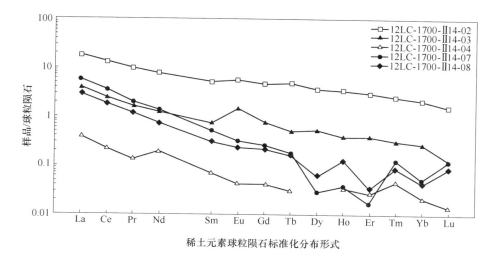

稀土元素球粒陨石标准化分布形式

图 5-6 老厂矿床 1700 中段 Ⅱ14 矿体黄铁矿稀土元素配分模式

表 5-10　老厂矿床 1700 中段 Ⅱ 14 矿体黄铁矿稀土元素　　（×10⁻⁶）

样品号	12LC-1700Ⅱ14-02	12LC-1700Ⅱ14-03	12LC-1700Ⅱ14-04	12LC-1700Ⅱ14-07	12LC-1700Ⅱ14-08
La	4.350	0.950	0.092	1.350	0.709
Ce	8.240	1.510	0.137	2.150	1.150
Pr	0.930	0.160	0.013	0.192	0.114
Nd	3.590	0.588	0.095	0.654	0.346
Sm	0.806	0.113	0.011	0.079	0.047
Eu	0.328	0.087	0.002	0.019	0.014
Gd	0.995	0.164	0.008	0.054	0.045
Tb	0.185	0.019	0.001	0.007	0.006
Dy	0.959	0.141	−0.00191	0.007	0.015
Ho	0.198	0.023	0.002	0.002	0.007
Er	0.516	0.067	0.004	0.003	0.006
Tm	0.067	0.008	0.001	0.003	0.002
Yb	0.376	0.048	0.004	0.009	0.007
Lu	0.041	0.003	0.000	0.003	0.002
Y	5.240	0.765	0.050	0.083	0.127
ΣREE	21.58	3.88	0.37	4.53	2.47
LREE	18.24	3.41	0.35	4.44	2.38
HREE	3.34	0.47	0.02	0.09	0.09
LREE/HREE	5.47	7.21	16.31	50.32	26.08
La$_N$/Yb$_N$	8.30	14.20	17.74	109.79	70.44
δEu	1.12	1.96	0.76	0.82	0.90
δCe	0.96	0.87	0.86	0.91	0.90
La/Sm	5.40	8.41	8.68	17.00	15.05
Gd/Yb	2.65	3.41	2.26	6.14	6.25

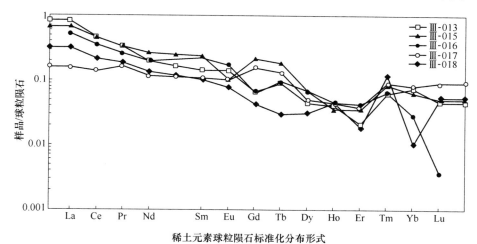

稀土元素球粒陨石标准化分布形式

图 5-7 老厂矿床 1675 中段 Ⅱ 14 矿体黄铁矿稀土元素配分模式

表 5-11 老厂矿床 1675 中段 Ⅱ 14 矿体黄铁矿稀土元素 （×10⁻⁶）

样品号	Ⅲ-013	Ⅲ-015	Ⅲ-016	Ⅲ-017	Ⅲ-018
La	0.197	0.159	0.123	0.037	0.076
Ce	0.277	0.279	0.213	0.084	0.133
Pr	0.032	0.031	0.025	0.016	0.018
Nd	0.092	0.124	0.091	0.055	0.063
Sm	0.022	0.036	0.034	0.017	0.016
Eu	0.008	0.006	0.010	0.006	0.004
Gd	0.014	0.044	0.013	0.032	0.009
Tb	0.003	0.007	0.004	0.005	0.001
Dy	0.011	0.017	0.017	0.013	0.008
Ho	0.002	0.002	0.002	0.003	0.003
Er	0.003	0.006	0.007	0.006	0.003
Tm	0.002	0.002	0.002	0.002	0.003
Yb	0.013	0.011	0.005	0.014	0.002
Lu	0.001	0.001	0.000	0.002	0.001
Y	0.071	0.103	0.093	0.090	0.076
ΣREE	0.68	0.72	0.55	0.29	0.34
LREE	0.63	0.63	0.50	0.21	0.31
HREE	0.05	0.09	0.05	0.08	0.03
LREE/HREE	12.79	7.09	9.98	2.81	10.57
LaN/YbN	11.13	10.76	18.50	1.99	30.93
δEu	1.37	0.47	1.19	0.76	1.06
δCe	0.77	0.92	0.89	0.86	0.85
La/Sm	9.00	4.42	3.63	2.27	4.87
Gd/Yb	1.07	4.18	2.73	2.38	4.98

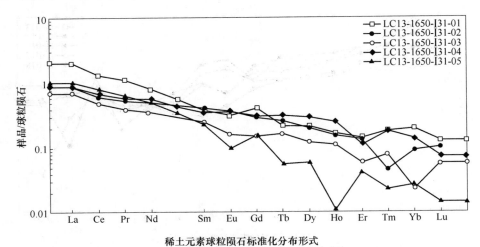

稀土元素球粒陨石标准化分布形式

图 5-8 老厂矿床 1650 中段 I 31 矿体黄铁矿稀土元素配分模式

表 5-12 老厂矿床 1650 中段 I 31 矿体黄铁矿稀土元素 （×10⁻⁶）

样品号	LC13-1650-I 31-01	LC13-1650-I 31-02	LC13-1650-I 31-03	LC13-1650-I 31-04	LC13-1650-I 31-05
La	0.487	0.208	0.170	0.210	0.249
Ce	0.830	0.375	0.298	0.418	0.498
Pr	0.107	0.051	0.038	0.057	0.061
Nd	0.378	0.237	0.167	0.264	0.239
Sm	0.060	0.063	0.039	0.054	0.036
Eu	0.019	0.022	0.009	0.021	0.006
Gd	0.085	0.062	0.031	0.066	0.032
Tb	0.008	0.010	0.006	0.012	0.002
Dy	0.055	0.052	0.031	0.076	0.015
Ho	0.010	0.009	0.006	0.015	0.001
Er	0.024	0.022	0.010	0.019	0.007
Tm	0.005	0.001	0.002	0.005	0.001
Yb	0.035	0.015	0.004	0.025	0.005
Lu	0.003	0.003	0.001	0.002	0.000
Y	0.333	0.275	0.157	0.366	0.056
ΣREE	2.11	1.13	0.81	1.24	1.15
LREE	1.88	0.96	0.72	1.02	1.09
HREE	0.22	0.17	0.09	0.22	0.06
LREE/HREE	8.37	5.50	7.85	4.69	17.38
LaN/YbN	10.13	9.69	31.43	6.12	38.41
δEu	0.80	1.04	0.79	1.09	0.51
δCe	0.85	0.87	0.87	0.92	0.96
La/Sm	8.14	3.28	4.37	3.90	7.01
Gd/Yb	2.46	4.01	7.94	2.67	6.93

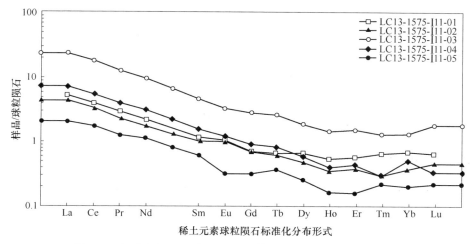

图 5-9　老厂矿床 1575 中段 I 11 矿体黄铁矿稀土元素配分模式

表 5-13　老厂矿床 1575 中段 I 11 矿体黄铁矿稀土元素 （×10⁻⁶）

样品号	LC13-1575-I 11-01	LC13-1575-I 11-02	LC13-1575-I 11-03	LC13-1575-I 11-04	LC13-1575-I 11-05
La	1.230	1.020	5.540	1.730	0.492
Ce	2.430	2.050	10.900	3.330	1.080
Pr	0.278	0.213	1.190	0.377	0.120
Nd	1.040	0.815	4.520	1.450	0.512
Sm	0.181	0.152	0.710	0.241	0.094
Eu	0.061	0.060	0.193	0.069	0.018
Gd	0.143	0.145	0.583	0.182	0.066
Tb	0.024	0.023	0.099	0.031	0.014
Dy	0.171	0.124	0.472	0.152	0.064
Ho	0.031	0.020	0.081	0.023	0.009
Er	0.094	0.061	0.249	0.071	0.026
Tm	0.017	0.008	0.033	0.008	0.006
Yb	0.115	0.063	0.224	0.087	0.035
Lu	0.017	0.011	0.045	0.008	0.005
Y	1.010	0.690	2.440	0.782	0.352
ΣREE	5.83	4.76	24.84	7.76	2.54
LREE	5.22	4.31	23.05	7.20	2.32
HREE	0.61	0.45	1.79	0.56	0.22
LREE/HREE	8.54	9.48	12.91	12.82	10.33
LaN/YbN	7.67	11.63	17.74	14.33	10.20

续表 5-13

样品号	LC13-1575-Ⅰ11-01	LC13-1575-Ⅰ11-02	LC13-1575-Ⅰ11-03	LC13-1575-Ⅰ11-04	LC13-1575-Ⅰ11-05
δEu	1.12	1.21	0.89	0.96	0.68
δCe	0.98	1.02	0.99	0.97	1.06
La/Sm	6.80	6.71	7.80	7.18	5.24
Gd/Yb	1.24	2.30	2.60	2.10	1.89

5.4 硫同位素

老厂矿床存在大量的硫化物，有黄铁矿、闪锌矿、方铅矿、含铜黄铁矿、雄黄等。本节综合前人的资料及本次实验的结果如图 5-10 及表 5-14 所示。得出以下结论：

（1）不同矿物、标高的 $\delta^{34}S$ 值变化不大，均分布在零值附近，并呈塔状。

（2）方铅矿 $\delta^{34}S$ 值亏损，主要集中在 $-0.28 \sim -1.27$，平均 -0.87；黄铁矿 $\delta^{34}S$ 相对富集，主要集中在 $0.10 \sim 0.88$，平均 0.58；闪锌矿 $\delta^{34}S$ 存在富集及亏损，主要集中在 $-0.62 \sim 0.75$，平均 -0.06；雄黄 $\delta^{34}S$ 富集 $2.1 \sim 2.8$，平均 2.5。

（3）总体存在规律：$\delta^{34}S_{雄黄} > \delta^{34}S_{黄铁矿} > \delta^{34}S_{闪锌矿} > \delta^{34}S_{方铅矿}$，说明成矿流体的硫已经达到平衡。

（4）据前人总结所知，$\delta^{34}S$ 接近 0 的矿床硫的来源主要为岩浆，其中有岩浆喷发的硫及后期热液从火成岩淋滤的硫。但是，在依柳组内存在草莓状黄铁矿，故也有一部分硫来自生物等因素。总体来说，认为老厂矿床的硫来自岩浆，其中可能为玄武岩喷发或者花岗斑岩侵入。也大致反映了热液活动主要为中—高温 $250 \sim 300\,℃$。

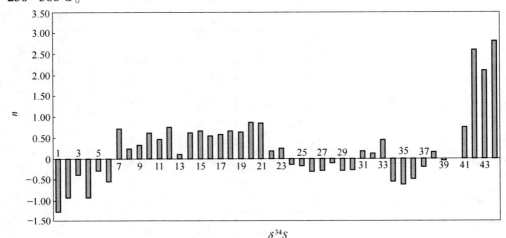

图 5-10　老厂矿床硫同位素组成柱状图

表 5-14 老厂矿床硫同位素组成

序号	样品编号及取样位置	测试对象	$\delta^{34}S$ CDT /‰	2σ	来源	序号	样品编号及取样位置	测试对象	$\delta^{34}S$ CDT /‰	2σ	来源
1	LC13-1900-Ⅳ-T8-01	方铅矿	-1.27	0.04	本项目	23	LC13-Y1-01-1930Ⅳ	闪锌矿	0.24	0.05	
2	12LC-1930-01	方铅矿	-0.94	0.05		24	12LC-1930-04	闪锌矿	-0.13	0.05	
3	lcs76-1800	方铅矿	-0.39		龙汉生	25	12LC-1930-05	闪锌矿	-0.17	0.05	
4	lc117-1750	方铅矿	-0.91			26	12LC-1909-06	闪锌矿	-0.31	0.00	
5	lcc9-1725	方铅矿	-0.28			27	12LC-1909-07	闪锌矿	-0.29	0.01	
6	lcs68-1650	方铅矿	-0.55			28	LC13-1900-Ⅳ-T8-01	闪锌矿	-0.10	0.03	
7	12LC-1909-01	黄铁矿	0.72	0.06		29	LC13-1900-Ⅳ-T8-02	闪锌矿	-0.26	0.00	
8	12LC-1909-07	黄铁矿	0.25	0.05		30	LC13-1900-Ⅳ-T8-03	闪锌矿	-0.26	0.01	
9	12LC-1850-01	黄铁矿	0.33	0.22		31	12LC-1875-06	闪锌矿	0.17	0.07	本项目
10	12LC-1850-03	黄铁矿	0.62	0.15		32	12LC-1850-03	闪锌矿	0.13	0.01	
11	12LC-1800-05	黄铁矿	0.47	0.03		33	12LC-1850-04	闪锌矿	0.45	0.05	
12	12LC-1800-07	黄铁矿	0.75	0.04		34	Ⅲ-008-1800Ⅲ1	闪锌矿	-0.57	0.07	
13	12LC-1800-Ⅲ3-01	黄铁矿	0.10	0.02		35	Ⅲ-007-1800Ⅲ1	闪锌矿	-0.62	0.01	
14	12LC-1700-Ⅱ14-04	黄铁矿	0.62	0.01	本项目	36	12LC-1800-04	闪锌矿	-0.50	0.05	
15	12LC-1700-Ⅱ14-08	黄铁矿	0.66	0.03		37	12LC-1800-06	闪锌矿	-0.20	0.06	
16	12LC-1675-Ⅱ-05	黄铁矿	0.55	0.04		38	Ⅲ-017-1675Ⅱ14	闪锌矿	0.15	0.04	
17	12LC-1675-Ⅱ-07	黄铁矿	0.58	0.03		39	Ⅲ-015-1675Ⅱ14	闪锌矿	-0.01	0.03	
18	LC13-1650-I31-02	黄铁矿	0.65	0.05		40	Ⅲ-014-1675Ⅱ14	闪锌矿	0.00	0.04	
19	LC13-1650-I31-03	黄铁矿	0.63	0.05		41	lc68-1650	闪锌矿	0.75		龙汉生
20	LC13-1575-I11-01	黄铁矿	0.88	0.05		42	L1925-8-Ⅰ1+2矿体	雄黄	2.60		叶锦华
21	LC13-1575-I11-02	黄铁矿	0.85	0.04		43	L1925-9-Ⅰ1+2矿体	雄黄	2.10		
22	LC13-Y1-5-1930Ⅳ	闪锌矿	0.19	0.03		44	L1925-10-Ⅰ1+2矿体	雄黄	2.80		

5.5　其他同位素

根据 Pb 同位素示踪，老厂矿床 Pb 来源复杂，有火山、岩浆，也有造山带及地层等各种因素综合影响叠加。根据 H、O 同位素，可知，矿床在火山期以岩浆水为主，后期则有大气降水（海水），在斑岩期后，以大气降水为主。C、O 同位素特征表示成矿流体以地幔来源岩浆水为主，存在少量的大气降水及海水，其中幔源岩浆水明显参与成矿。

6 成矿年代、成矿系统及成矿动力学背景

6.1 以往年代学研究

前人对老厂矿床做过大量研究工作，并取得了许多研究成果。关于老厂矿床的年代学研究一直众说纷纭，未能有一个统一说法，表6-1为对以往研究进行的统计。

表 6-1 老厂矿床同位素测年数据

编号	样品	定年方法	测定结果	资料来源
1	火山岩型铅锌矿体	Pb 同位素	336~351Ma	范承均（1985）
2	火山岩型铅锌矿体	Pb 同位素	147~98Ma、平均123Ma	薛步高（1989）
			351~336Ma、平均340Ma	
3	矿石铅	Pb 同位素	66~87Ma	徐楚明
4	花岗斑岩脉	Rb-Sr 等时线	50Ma	欧阳成甫（1991）
5	火山岩和次火山岩	钾氩法	195~245Ma	陈元琰（1995）
			38~51Ma	
6	花岗斑岩及细脉	Pb 同位素	127Ma、131Ma、438Ma	李雷（1996）
	矿石铅	Pb 同位素	252~356Ma/43~115Ma	
	脉状银铅矿体	Pb 同位素	216~229Ma	
7	矿石铅	Pb 同位素	217~357Ma	王增润（1992）
			44~116Ma	
8	辉石云煌岩脉和辉绿岩脉	Rb-Sr 等时线	（133±3）Ma	张准（2006）
9	1725 中段闪锌矿、黄铁矿	Rb-Sr 等时线	（45±3.6）Ma	龙汉生（2009）
10	1725 中段 C_1 凝灰岩	锆石 SHRIMP	（323.6±2.8）Ma	黄智龙、陈觅（2007）
11	花岗斑岩	锆石 SHRIMP	（44.6±1.1）Ma	李峰（2009）
	辉钼矿	Re-Os 等时线	（43.78±0.78）Ma	
12	1930 中段闪锌矿、黄铁矿	Re-Os 等时线	（308±25）Ma	本项目实验结果（贵阳地化所测试）
	含铜黄铁矿	Re-Os 等时线	30.5~300Ma 模式年龄	

从以上数据可以看出，该区深部的花岗斑岩为喜山早期，上部的火山岩为石炭纪地层；从年代上与火山喷流沉积时期和花岗斑岩侵入时期基本吻合。

6.2 实验流程及结果

6.2.1 火山岩年代学研究

对于老厂的玄武岩年龄在之前存在争议，根据《孟连幅 1/20 万区域地质调查报告》（1982）认为老厂—孟连火山岩（玄武岩）时代是早石炭纪；而后有人认为火山岩的时代为晚二叠纪；随后的研究中，在老厂发现腕足类、双壳类化石，认为老厂火山岩形成在晚二叠纪，依柳、曼信火山岩则形成在早石炭纪；后又认为老厂火山岩形成在晚二叠纪~三叠纪；2010 年，中国科学院贵阳地化所黄智龙研究员及陈觅博士通过 SHRIMP 锆石 U-Pb 定年方法，得到结果（323.6±2.8）Ma，认为老厂地区火山岩应该形成早石炭纪。

陈觅实验样品（玄武岩大样，约 20kg）取自 Ⅱ 矿体 1725 平面 $C_1^7\beta$ 段坑道中，通过人工重砂法分选锆石，挑选无裂隙、无包体且透明干净的自形颗粒，并与数粒标准锆石 91500 进行参照，在中国科学院矿产资源研究所电子探针室内阴极发光扫描电镜进行了图像分析，并检查锆石内部的结构。通过离子探针中心 SHRIMP-Ⅱ型离子探针测定锆石 U、Pb 同位素。

锆石中 U 含量是 112~420μg/g，Th 含量是 102~881μg/g，Th/U 比值为 0.63~2.18（表6-2），表明此类锆石为岩浆成因（吴元保等，2004）。玄武岩的 U-Pb 定年结果显示（表6-2，图6-1），$^{206}Pb/^{238}U$ 的加权平均年龄（玄武岩的结晶年龄）是（323.6±2.8）Ma（MSWD=1.17），与早石炭纪一致。

表6-2　老厂矿床玄武岩锆石 SHRIMP U-Pb 测定结果

点号	Th /μg·g⁻¹	U /μg·g⁻¹	Th/U	同位素比值						年龄/Ma			
				$^{207}Pb^*$ /$^{206}Pb^*$	1σ/%	$^{207}Pb^*$ /^{235}U	1σ/%	$^{206}Pb^*$ /^{238}U	1σ/%	$^{207}Pb/^{206}Pb$	1σ	$^{206}Pb/^{238}U$	1σ
1	208	264	0.81	0.0537	1.8	0.3858	2.3	0.0521	1.4	359	41	327.4	4.6
2	139	155	0.93	0.0537	3.6	0.3950	3.9	0.0532	1.6	360	80	334.4	5.2
3	200	162	1.28	0.0549	3.7	0.3950	4.0	0.0522	1.5	409	83	328.0	5.0
4	881	420	2.17	0.0522	2.5	0.3630	3.0	0.0505	1.6	293	58	317.4	5.0
5	189	190	1.03	0.0538	5.0	0.3800	5.2	0.0513	1.5	361	110	322.4	4.9
6	141	112	1.30	0.0525	11	0.3670	11	0.0508	1.8	307	260	319.1	5.6
7	354	239	1.53	0.0531	4.6	0.3800	4.8	0.0519	1.5	333	100	325.9	4.9
8	499	334	1.55	0.0515	1.9	0.3629	2.5	0.0511	1.6	262	45	321.5	5.0
9	404	228	1.83	0.0582	3.7	0.4010	4.0	0.0499	1.5	539	80	314.0	4.8
10	809	384	2.18	0.0548	3.8	0.3910	4.1	0.0517	1.4	406	86	325.0	4.5
11	102	167	0.63	0.0804	9.4	0.5650	9.6	0.0510	2.0	1207	190	320.6	6.3
12	405	241	1.73	0.0623	5.9	0.4450	6.1	0.0518	1.5	686	130	325.5	4.9

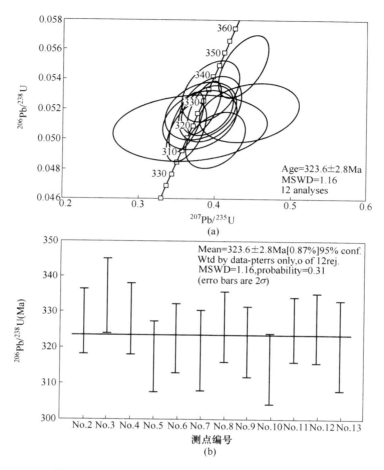

图 6-1 锆石 U-Pb 年龄协和图（引自黄智龙，2009）

6.2.2 花岗斑岩及辉钼矿年代学研究

关于花岗斑岩脉及与花岗斑岩脉有关的 Mo（Cu）矿体的年代问题，在近年来获得了突破。在以往的研究中，欧阳成甫对花岗斑岩的 Rb-Sr 同位素年龄进行测试，得到 50Ma 的年龄。而后，有人通过铅同位素测得模式年龄 127Ma、131Ma、438Ma，为燕山中晚期与泥盆纪。2009 年李峰通过花岗斑岩里的锆石 U-Pb 同位素测得花岗斑岩年龄为（44.6±1.1）Ma，辉钼矿 Re-Os 同位素年龄为（43.78±0.78）Ma。

李峰等在 ZK153101 内取样后，挑取锆石。实验是在中国地科院北京离子探针中心完成的。实验对 18 颗锆石进行分析，可分为四组：第一组 Th/U = 0.31 ~ 0.51，加权平均后得到年龄为（44.6±1.1）Ma，表示花岗斑岩在喜山早期侵位结晶；第二组 Th/U＝0.22，年龄为（64.0±1.7）Ma，表示岩浆重熔时期；第三组 Th/U＝0.11～0.71，年龄为（129.5±6.5）～（226.1±12）Ma，可能是重熔岩浆捕获源岩的锆石；第四组 Th/U＝0.23，年龄为（529.3±13）Ma，可能为岩浆继承锆石。见表6-3及图6-2、图6-3。

表6-3 老厂花岗斑岩锆石 SHRIMP U-Pb 测定结果

测点	$^{206}Pb_c$ /%	$w(U)$ /μg·g^{-1}	$w(Th)$ /μg·g^{-1}	^{232}Th /^{238}U	$^{206}Pb^*$	$^{206}Pb/^{238}U$ /Ma	年龄	$^{207}Pb^*/^{206}Pb^*$ 比值	±%	$^{207}Pb^*/^{235}U$ 比值	±%	$^{207}Pb^*/^{238}U$ 比值	±%
1	4.83	193	98	0.53	4.63	169.4	±13.0	0.0450	32.0	0.1640	33.0	0.02660	7.9
2	3.06	1497	447	0.31	9.15	44.3	±1.4	0.0414	19.0	0.0393	19.0	0.00689	3.3
3	6.75	529	170	0.33	3.30	43.5	±1.5	0.0570	29.0	0.0530	29.0	0.00677	3.5
4	1.30	897	111	0.13	23.1	188.3	±5.0	0.0456	6.9	0.1860	7.4	0.02964	2.7
5	1.33	2478	1046	0.44	15.0	44.7	±1.2	0.0447	5.8	0.0429	6.5	0.00696	2.7
6	1.82	2241	690	0.32	13.7	44.8	±1.2	0.0492	8.2	0.0473	8.7	0.00698	2.7
7	3.37	680	99	0.15	14.7	155.2	±4.3	0.0446	14.0	0.1500	14.0	0.02436	2.8
8	4.23	482	131	0.28	11.9	174.4	±6.1	0.0390	19.0	0.1470	19.0	0.02742	3.6
9	2.42	322	221	0.71	10.1	226.1	±12.0	0.0551	11.0	0.2710	13.0	0.03570	5.5
10	1.63	965	374	0.40	17.1	129.5	±6.5	0.0650	6.5	0.1820	8.3	0.02030	5.1
11	1.02	995	110	0.11	28.7	210.6	±5.5	0.0504	5.7	0.2310	5.7	0.03321	2.7
12	3.86	2103	642	0.32	13.6	46.3	±1.4	0.0397	15.0	0.0394	15.0	0.00721	3.0
13	1.72	2361	1157	0.51	14.0	43.7	±1.4	0.0456	10.0	0.0427	11.0	0.00680	2.8
14	1.29	833	198	0.25	14.4	126.7	±3.5	0.0563	7.9	0.1540	8.3	0.01985	2.8
15	1.90	469	184	0.41	14.0	216.4	±8.7	0.0517	8.7	0.2430	9.1	0.03414	2.8
16	0.63	1909	1112	0.60	45.1	174.0	±4.8	0.0490	3.5	0.1848	3.5	0.02735	2.8
17	0.38	815	180	0.23	60.2	529.3	±13.0	0.0718	3.9	0.8470	4.7	0.08560	2.7
18	0.67	2968	630	0.22	25.6	64.0	±1.7	0.0514	4.5	0.0707	5.2	0.00998	2.7

注：1. 误差为1σ，$^{206}Pb_c$ 为普通 ^{206}Pb 占总 Pb 的百分比，Pb* 为放射性成因；

2. 标准校正值的误差为 0.33%；

3. 普通 Pb 用实测的 ^{204}Pb 校正。

6.2.3 铅锌矿年代学研究

由于老厂矿山的铅锌矿体群较多，一直未能够有一个确定的年龄，在此介绍龙汉生博士对1725中段单颗粒闪锌矿—黄铁矿 Rb-Sr 同位素测年，及本项目对1930中段闪锌矿、黄铁矿及含铜黄铁矿 Re-Os 同位素测年。

龙汉生博士的样品取自老厂矿床1725中段，测试结果为 Rb 0.023～

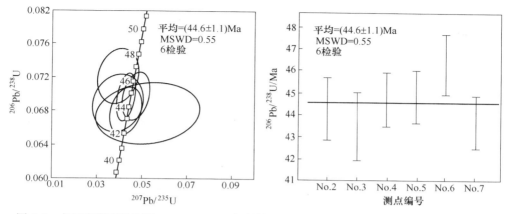

图 6-2 老厂花岗斑岩锆石 SHRIMP U-Pb 年龄协和图及加权平均统计图（引自李峰，2009）

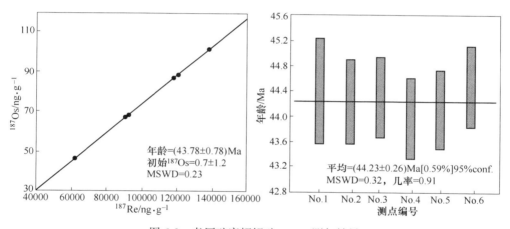

图 6-3 老厂矿床辉钼矿 Re-Os 测年结果

1.652μg/g，Sr 0.041~1.266μg/g。获得矿床成矿年龄（45±3.6）Ma，Sr 同位素的初始比值（$^{87}Sr/^{86}Sr$）$_i$ = 0.70977±0.00034，接近地幔值 0.704±0.002。测试结果见表 6-4 及图 6-4。认为老厂矿山 1725 中段的铅锌矿与隐伏花岗斑岩有密切关系。

表 6-4 老厂矿床单颗粒闪锌矿-黄铁矿 Rb-Sr 同位素等时线定年分析结果

样品号	测试矿物	Rb/μg·g^{-1}	Sr/μg·g^{-1}	$^{87}Rb/^{86}Sr$	$^{87}Sr/^{86}Sr$
LCC16-g1	闪锌矿	0.023	0.123	0.54	0.71029
LCC16-g2	闪锌矿	0.037	0.115	0.94	0.71057
LCC16-g3	闪锌矿	0.037	0.041	2.58	0.71127
LCC16-g4	闪锌矿	0.040	1.266	0.09	0.70972

样品号	测试矿物	Rb/μg·g^{-1}	Sr/μg·g^{-1}	^{87}Rb/^{86}Sr	^{87}Sr/^{86}Sr
LCC16-g5	闪锌矿	0.156	0.103	4.39	0.71156
LCC16-g6	黄铁矿	1.652	0.369	12.98	0.71835
LCC16-g7	黄铁矿	1.437	0.437	9.52	0.71583
LCC16-g8	黄铁矿	0.880	0.324	7.87	0.71445

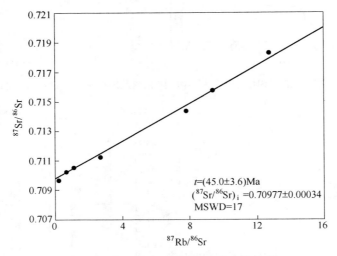

图 6-4　老厂矿床 Rb-Sr 等时线定年结果

本项目 2012 年及 2013 年先后对老厂矿床进行系统取样，定年矿物最终为 1930m 中段Ⅳ矿体群内铅锌矿石。

此次选用 Re-Os 等时线方法确定成矿年龄，实验方案如下：

（1）资料收集。尽可能完整地收集澜沧老厂银铅锌多金属矿成矿地质背景资料，尤其重点收集岩石、地层、矿物的研究资料，结合实际区域成矿地质背景，有针对性地进行实地调研，获取可靠而翔实的资料；

（2）野外工作。对野外宏观地质情况进行调查，针对地表及坑道进行调查并对研究的Ⅰ、Ⅱ、Ⅲ、Ⅳ、Ⅴ及Ⅵ矿体进行取样（矿石样及岩心样）编录。

（3）室内工作：

1）对野外取回样品进行处理，针对Ⅰ、Ⅱ、Ⅲ、Ⅳ矿体挑选单矿物（闪锌矿、黄铁矿及方铅矿），Ⅴ矿体挑选单矿物（含铜黄铁矿及黄铁矿）各 2~5g；

2）对单矿物进行微量元素含量的测试（此次测试 Re 元素含量）；

3）针对 Re 元素含量较高的样品进行分析，进行 Re-Os 同位素测年；

4）绘制 Re-Os 等时线，综合地质情况分析成矿年代。

铼和锇均为强亲铁和亲铜性元素，在地核中高度富集，在地幔和地壳中贫化。锇是高度相容元素，铼是相容至中等程度的不相容元素，因而在地幔熔融过程中，Re 倾向于富集在熔浆中，Os 倾向于富集在地幔残留相中，地幔与地壳的 Re/Os 比值变化较大。地幔中的 Os 同位素比值不易受后期地幔交代作用的影响，可较好地反映岩石成因及地幔演化特征。

分析方法：（1）样品的溶解；（2）Re-Os 同位素分离及纯化；（3）Re-Os 同位素的质谱测定方法：负离子热电离质谱方法（N-TIMS）。

Re-Os 同位素质谱测定方法主要有共振电离质谱（RIMS）、二次离子质谱（SIMS）、单接收电感耦合等离子体质谱（ICP-MS）、多接收器电感耦合等离子体质谱（MC-ICP-MS）和精度与准确度有较大提高的负离子热电离质谱（NTIMS）。NTIMS 对于 Os 的测定是非常有效的，含量很低的样品也可以被准确测定，但该方法比较耗时和费力。用 MC-ICP-MS 方法只要求将样品中的 Os 氧化成 OsO。所以用 Carius 管以及 HPA-S 高压釜溶样是非常适合的，溶样完毕后可以将生成的 OsO。直接载入 ICP-MS，整个分析过程简单快速。对于 Re 的测定，ICP-MS 是非常快速和精确的方法，与 NTMS 不同的是，ICP-MS 可以通过在样品中加入 Ir 进行同位素在线分馏校正，而且 Re 在仪器上很容易被清洗。

Carius 管溶样—小型蒸馏法分离—微蒸馏法纯化锇—阴离子树脂交换法分离铼。Re-Os 同位素分析流程：Re 含量采用阴离子树脂分离纯化后用多接收器等离子体质谱法（Nep-tune MC-ICPMS）测定，Os 同位素组成采用新型 IsoProbe-T 热电离质谱计负离子方式多法拉第杯系统测定。

Re 元素粗测实验步骤：

（1）称 0.5g 样品，加入 HNO_3；

（2）待反应不剧烈后加入稀释剂 25ng/g，0.1mL；

（3）加热到快干时，加入一管 HNO_3；

（4）几乎干了之后加 HCl；

（5）加热再蒸干，加入 HCl；

（6）加热至完全蒸干后，加 H_2O 稍微润湿，加一管 HCl；

（7）沉淀溶解后关炉冷却；

（8）用蒸馏水定容至 12~13mL；

（9）离心 2min；

（10）取上层清液过柱；

（11）加蒸馏水冲洗柱子后加入 2NHCl，换对应烧杯加入 9N HNO_3；

（12）蒸至一滴，加蒸馏水定容 3mL 左右；

（13）上机 MC-ICPMS 测试。

目前已经挑取 35 件单矿物样品，对其中 24 件进行 Re 元素含量测定，结果见表 6-5。

表 6-5 老厂矿床各矿体 Re 元素粗测结果

	序号	样号	样品类型	称样量/g	Re/ng·g⁻¹
第一批初测结果	YYQ-1	12LC-1930-01	Py	0.5180	1.57
	YYQ-2	12LC-1675-Ⅱ-01	Py	0.5119	0.83
	YYQ-3	12LC-1850-04	Py	0.4976	0.85
	YYQ-4	12LC-1700-Ⅱ14-05	Py	0.5002	0.22
	YYQ-5	12LC-1625-01-Ⅰ底	含 Cu Py	0.5121	3.33
	YYQ-6	Ⅰ-011	Py	0.1180	1.48
	YYQ-7	Ⅰ-011	含 Cu Py	0.5158	3.78
	YYQ-8	Ⅰ-010	含 Cu Py	0.4950	5.74
	YYQ-9	Ⅰ-017	Py	0.5075	0.37
	YYQ-10	Ⅰ-017	含 Cu Py	0.3843	0.47
第二批初测结果	YYQ-1	Ⅰ-008	含 Cu Py	0.3531	7.74
	YYQ-2	Ⅰ-018	含 Cu Py	0.5550	0.94
	YYQ-3	Ⅲ-002	闪锌矿	0.4717	1.10
	YYQ-4	12LC-1675-Ⅱ-03	闪锌矿	0.5076	0.49
	YYQ-5	12LC-1800-06	闪锌矿	0.3653	37.09
	YYQ-6	12LC-1909-02	闪锌矿	0.5546	2.28
	YYQ-7	Ⅰ-012	含 Cu Py	0.5280	2.68
	YYQ-8	12LC-1930-11	闪锌矿	0.5420	5.36
	YYQ-9	12LC-1930-11	方铅矿	0.5140	9.43
	YYQ-10	12LC-1930-01	闪锌矿	0.5751	0.95
	YYQ-11	12LC-1930-01	方铅矿	0.1302	0.95
	YYQ-12	12LC-1800-07	闪锌矿	0.4972	0.61
	YYQ-13	12LC-1909-04	闪锌矿	0.5277	0.55
	YYQ-14	12LC-1850-04	闪锌矿	0.5555	0.46

分析以上 24 件样品测试结果有以下结论：

（1）含铜黄铁矿 Re 元素含量较高，同批样品内黄铁矿 Re 元素含量较低，根据镜下观察，认为可能是后期铜元素的富集导致 Re 元素含量较高。

（2）部分闪锌矿 Re 含量较高，能进行 Re-Os 同位素测年实验，方铅矿 Re 元素含量较高，可以在后期实验中进行验证。

粗测结束后，对挑取的闪锌矿、黄铁矿单矿物进行分解、蒸馏分离锇元素、萃取分离铼元素及质谱分析。最终粗测及测试后，得到成矿年龄为（308±25）Ma，为石炭纪产物，如图 6-5 所示。

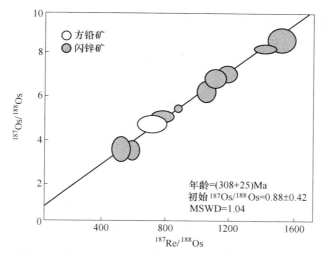

图 6-5　老厂矿床 1930 中段矿石 Re-Os 同位素测年结果

6.3　成矿时代

综合以上结果可总结出，火山岩的年龄为（323.6±2.8）Ma，花岗斑岩的年龄为（44.6±1.1）Ma，辉钼矿成矿年龄为（43.78±0.78）Ma，铅锌矿体分为两部分，顶部 1930 中段成矿年龄为（308±25）Ma，1725 中段成矿年龄为（45.0±3.6）Ma。深部（1625m 中段）似层状铅锌矿体（含大量含铜黄铁矿）获得模式年龄 30.5Ma，单一年龄从 300 多 Ma 到 30 多 Ma。

故认为老厂矿床存在两套成矿系统叠加的成矿模式，主要是与由早石炭世火山喷流沉积及热液沉积有关的成矿系统与始新世花岗斑岩有关的成矿系统。与以前的成矿模式对比，此次研究的突破是，确定了早石炭世的成矿，主要成矿元素为 Ag、Pb、Zn，火山喷流沉积主要于下石炭统依柳组内，呈层状似层状矿体，在褶皱转折段与褶皱同弯曲呈鞍状；也肯定了斑岩成矿系统的存在，在喜马拉雅期造山运动中，花岗斑岩侵入，斑岩成矿系统的成矿元素为 Pb、Zn、Cu、Mo、Ag、Au，其中此类铅锌矿主要产于矽卡岩带以上岩体外围，呈脉状或在层间破碎带中的似层状矿体；铜钼矿主要产于矽卡岩带及花岗斑岩内。

6.4　成矿系统及成矿动力学背景

6.4.1　成矿系统的认定

6.4.1.1　地球化学证据

综上所述，根据矿区岩石成矿元素地球化学可以得出：（1）玄武岩可能为铅锌银矿提供物质来源；（2）花岗斑岩对铅锌矿、铜钼矿有可能提供物质来源；（3）碳酸盐岩与成矿有一定关系，可能提供部分成矿物质来源。

由矿石矿物微量元素地球化学特征发现矿床成因沿着从地表往下存在规律：热液变质→火山成因→火山成因、岩浆热液、变质热液→岩浆热液、变质热液→岩浆热液。方铅矿受到岩浆热液成矿作用及后期热液改造作用。闪锌矿以岩浆热液成因为主，少量与火山成因相关。Ce 的负异常说明海水参与成矿，而 Ce 的负异常与 Eu 的正异常说明深部热液流体与海水互相作用。

硫同位素反应硫来自岩浆，其中可能为玄武岩喷发或者花岗斑岩侵入。也大致反映了热液活动主要为中-高温 250～300℃。

根据 Pb 同位素示踪，矿床 Pb 来源复杂，有火山、岩浆，也有造山带及地层等各种因素综合影响叠加。根据 H、O 同位素，矿床在火山期以岩浆水为主，后期则有大气降水（海水），在斑岩期后，以大气降水为主；C、O 同位素特征表示成矿流体以地幔来源岩浆水为主，存在少量的大气降水及海水，其中幔源岩浆水明显参与成矿。

6.4.1.2 测年证据

从测年数据可以看出，火山岩的年龄为（323.6±2.8）Ma，花岗斑岩的年龄为（44.6±1.1）Ma，可以认为这两次岩浆活动事件与两次成矿作用对应：辉钼矿成矿年龄为（43.78±0.78）Ma，略晚于花岗斑岩的年龄（44.6±1.1）Ma，可能是斑岩期后热液蚀变成矿。从铅锌矿石中闪锌矿作为样品测试年龄看，顶部 1930 中段成矿年龄为（308±25）Ma，1725 中段成矿年龄为（45.0±3.6）Ma。深部（1625m 中段）似层状铅锌矿体（含大量含铜黄铁矿）获得模式年龄 30.5Ma，单一年龄从 300 多 Ma 到 30 多 Ma。

以上均说明了两次成矿作用都有铅锌矿的形成。可以确认老厂矿田由两个成矿系统构成，即早石炭世火山作用成矿系统和喜山期花岗斑岩侵入作用成矿系统。

6.4.2 成矿动力学背景

确定了两个成矿系统，通过对应分析同一时期老厂地区的区域地质演化，便可知道该时期的成矿动力学背景。

三江地区实际上是一个在相对年轻和固结程度较低的前寒武纪变质基底的基础上，经历了寒武纪—早石炭世初的特提斯前演化阶段、晚石炭世—晚三叠世的古特提斯演化阶段、侏罗纪—白垩纪的中特提斯演化阶段以及新生代的大陆碰撞造山等长期演化过程，最终形成多旋回造山带。

晚前寒武纪变质基底形成阶段：新元古代晚期，三江地区为处于扬子陆块与冈瓦纳大陆之间的广阔海域，发育冒地槽型复理石及火山-沉积建造。在距今约500~600Ma时（相当于晚泛非期）褶皱固结，形成震旦-早寒武世的柔性基底（陈炳蔚，1990）。

寒武纪—早石炭世的特提斯前演化阶段：寒武纪—泥盆纪时，该区处于短暂的稳定大陆边缘地区，沉积了上寒武统到泥盆统的浅海陆棚相碎屑岩和碳酸盐岩建造，构造岩浆活动微弱。

早石炭世—晚三叠世的古特提斯演化阶段：早石炭世维宪期，沿昌宁—孟连一带发育基性火山岩，显示三江地区开始步入古特提斯演化阶段。形成以澜沧老厂铅锌银矿床、昌宁银厂街铜锌矿床和小村汞矿床为代表的与石炭纪海相中基性火山作用有关的铜铅锌银汞成矿系列。

老厂早石炭世成矿系统便在这个阶段发生。

早二叠世，沿澜沧江和金沙江—哀牢山拉张形成两只古特提斯洋盆，中间夹着昌都—思茅微板块。

晚二叠世，澜沧江和金沙江—哀牢山两支古特提斯洋盆几乎同时封闭，其东部的扬子陆块西缘发生大规模拉张作用，伴随大面积基性火山岩的喷发和微板块（如中咱、水洛河等）的裂离，形成甘孜—理塘小洋盆和其北部的松潘—甘孜洋。

晚三叠世，三江地区东部的甘孜—理塘洋壳向西俯冲封闭，并发育成较为完整的沟-弧-盆体系；稍晚西部沿怒江、雅鲁藏布江先后拉张形成两支中特提斯洋盆；此时，已经封闭的澜沧江和金沙江—哀牢山板块结合带则再次活动，并发育强烈的滞后型-碰撞型弧火山岩和碰撞型花岗岩。在澜沧江缝合带，伴随晚三叠世同碰撞型火山活动和花岗质岩浆活动（231~194Ma），形成了与火山岩有关的铁铜多金属成矿系列和与印支期地壳重熔型花岗岩有关的铁铜锡稀有金属成矿系列。

侏罗—白垩纪的中特提斯演化阶段：中特提斯的北支班公错—怒江洋盆大约在晚侏罗世到早白垩世时闭合，南支雅鲁藏布江洋盆进一步扩张，三江地区在印支运动之后基本结束了洋壳和海盆的发展历史。此时，金沙江以东地区褶皱成山，隆升剥蚀；昌都—思茅陆块发生断陷，接受陆相红层沉积；澜沧江以西地区受怒江洋盆的影响，早侏罗世仍属浅海环境，中晚侏罗世抬升成陆，白垩纪接受陆相含煤红层沉积。在澜沧江构造带上，形成类乌齐—左贡—铁厂—西盟与燕山晚期电气石花岗岩有关的锡钨多金属成矿系列。

新生代陆内造山演化阶段（新特提斯阶段）：白垩纪末-早第三纪初，雅鲁藏布江洋盆封闭，印度次大陆与欧亚大陆碰撞；之后，由于印度洋板块的继续向北移动和欧亚大陆的反向阻挡作用，印度大陆向北发生陆内俯冲，导致地壳缩短加厚、青藏高原崛起和地壳物质东流。受印度次大陆和欧亚大陆的双向挤压作用制约，三江地区进入全面陆内构造调整阶段，断裂构造和岩浆-流体活动异常活跃，成矿作用达到顶峰，在老厂一带伴随花岗斑岩的侵入形成斑岩成矿系列。第四纪，表生风化-沉积作用形成风化壳型铁锰银成矿系列。

老厂花岗斑岩成矿系统便在该阶段发生。因此，老厂矿床形成的成矿动力学背景分别是早石炭世—晚三叠世的古特提斯演化阶段的自早石炭世开始打开，形成三个主支之一的澜沧江—昌宁孟连洋火山喷流成矿地质作用（边缘裂谷 VMS型 Ag-Pb-Zn 矿床），及喜山期印度—亚洲碰撞事件的后碰撞火成岩—构造组合及矿床（新生代斑岩+矽卡岩型 Cu-(Mo) 矿床）。

7　成矿过程、成矿规律和找矿方向

前已述及老厂矿田有两次成矿地质作用，一次为早石炭世的海底火山喷发成矿地质作用，另一次为时间跨度较大的喜山期富碱斑岩侵入成矿地质作用。因此，成矿过程已经比较清楚，第一次成矿地质作用近似于 VMS 成矿模型，第二次成矿地质作用近似于斑岩成矿模型。

7.1　VMS 成矿模型

早石炭世老厂地区构造环境为在离散板块边界环境，即昌宁—孟连裂谷带，发生了基性火山喷发，形成了火山角砾岩、凝灰岩、安山岩、玄武岩的容矿岩石。矿体有整合和不整合两类，整合型矿体呈层状、似层状产出，与上盘岩石界限清楚，与下盘岩石渐变过渡，矿石具块状构造。在整合矿体下，存在由浸染状、细网脉状矿石组成的不整合型矿体。矿石呈纹层状、条带状、角砾状、浸染状、脉状、块状构造，主要矿物组合为黄铁矿、闪锌矿、方铅矿、黝铜矿、黄铜矿、硫铜银矿、辉银矿等。上述特征与 VMS 较为吻合。

图 7-1 所示是典型的 VMS 矿床的垂直剖面，根据这个模型，矿体主要分布

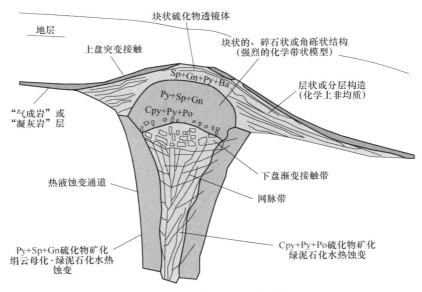

图 7-1　典型的 VMS 矿床模型

应该在岩浆通道顶部及火山机构中喷发相范围内。

7.2 斑岩成矿模型

新生代陆内造山演化阶段（新特提斯阶段），受印度次大陆和欧亚大陆的双向挤压作用制约，老厂地区也全面进入陆内构造调整阶段，断裂构造和岩浆-流体活动异常活跃，富碱斑岩侵入使成矿作用达到顶峰。

从图 7-2 所示斑岩成矿模型可以看出，矿（化）体主要分布在岩体边缘和顶部。

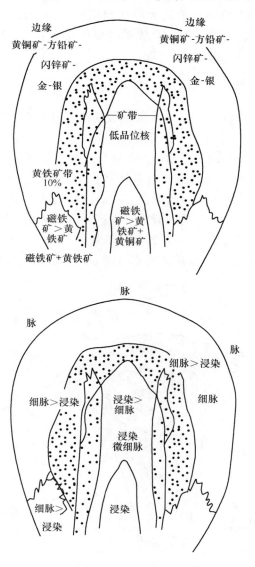

图 7-2 斑岩成矿模型

此外，由于岩浆侵入期后热液活动，如果有断裂通道其热液蚀变范围可以超出岩体范围几千米，因此，在岩浆侵入与构造的联合作用下，矿（化）体或蚀变岩带分布范围很广。

7.3 找矿方向

7.3.1 找火山成矿地质作用形成的矿体

在老厂地区早石炭世火山成矿地质作用形成的矿（化）体，受到后期区域断块隆升与断陷期或滇西特提斯开启与闭合期（T-K）→陆内碰撞造山期（Kz），岩层及矿（化）体的产状均发生了变化，在找寻该类矿（化）体时必须进行火山岩相的研究。总体看其找矿标志应该是集块岩分布区或火山角砾岩分布区，这类岩石都是火山岩相中近火山口的标志。从老厂矿区平剖面图分析，结合岩石力学特征，角砾岩的塑性较差，受力作用时不容易塑性变形，而形成核部，火山角砾岩主要分布在老厂背斜核部及其转折端部。

在剖面图看，找矿要在现有工程的东部区域开展，目前的工程区域仅是老厂背斜的西翼，核部转折端都还在已有探矿工程的东面，可见 153 勘探线剖面图和 1650 中段平面图。

7.3.2 找斑岩侵入成矿地质作用形成的矿体

斑岩侵入成矿地质作用是形成老厂矿床的又一主要成矿作用，应进行重点指导找矿。斑岩的侵入可能继承了古生代火山机构通道，沿该通道进行了岩浆入侵。该通道受区域南北向构造的控制，因此认为斑岩分布与南北向构造关系密切。

找矿要找到隐伏斑岩及其外围接触带，以及与斑岩联通的断裂构造，这些断裂既是导矿构造，又可能是容矿构造，应重点关注 F_1 和 F_3。

老厂地区深部已有斑岩体，在现有斑岩的西侧可能是碳酸盐岩与斑岩接触，更加利于成矿。找这一类型的矿体可往 1480 坑道西部进行。

同时在矿区北部及南部地区，南北向断裂可能与岩体联通，是主要的导矿和容矿构造，在这些断裂及其附近有利地层可能成矿。在图 7-3 中提出了四个找矿靶区，靶区 A 和 D 是 F_1 和 F_6 的北部延长部分和南部延长部分，靶区 B 和 C 是 F_3 的北部延长地带和南部延长地段，应具备较好的找矿情景。

深部找矿，由于勘探线 144～152 区间的断裂控制矿体明显，故可以加强围绕断裂进行找矿。

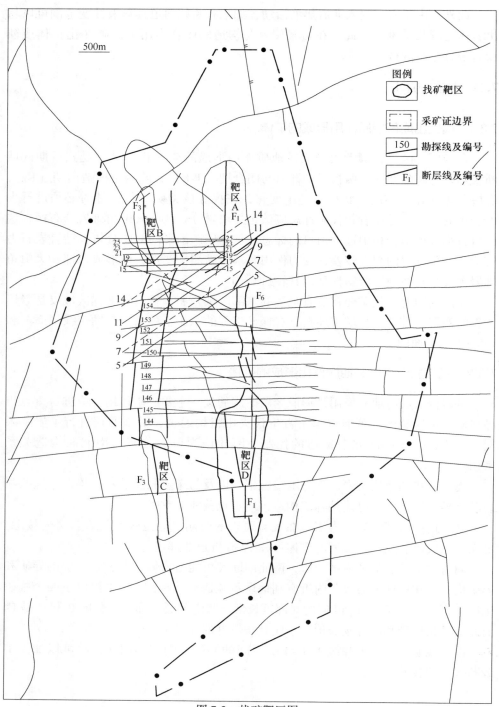

图 7-3 找矿靶区图

8 结 论

（1）矿体主要产于下石炭统（C1）5~7 段，8 段顶部与灰岩接触带也有产出。在 C_{2+3} 和 C_{1+2} 白云岩断裂裂隙中及在 $P1^1$ 块状灰岩也有矿体产出。斑岩及其接触带蚀变岩中有矿体产出。

（2）斑岩成矿中泥化带不发育，最重要的是钾化带和石英-绢云母化带，其蚀变强度和范围直接影响矿化的规模，故围岩蚀变呈带状分布的特点可作为寻找斑岩（矿床）的有效标志。

黄铁绢英岩的分布同时也指示了深部隐伏花岗斑岩的侵入空间，这对寻找与斑岩有关的矿床提供了找矿思路与方向。

（3）Fe_2O_3、CaO 在每个蚀变带中都表现出带入，Cu、Ni、Cr、Co 主要富集在绢英岩化带中，Mo、Zn 主要富集于矽卡岩化带中，Sr、Ba、Nb 主要富集于青盘岩化带中，对我们寻找特定矿种及隐伏斑岩体的侵位空间具有重要的指示意义。

（4）玄武岩可能为铅锌银矿提供物质来源；花岗斑岩对铅锌矿、铜钼矿有可能提供物质来源；碳酸盐岩与成矿有一定关系，可能提供部分成矿物质来源。

（5）矿体中黄铁矿的 Co/Ni 比值说明，矿床成因沿着从地表往深部存在规律：热液变质→火山成因→火山成因、岩浆热液、变质热液→岩浆热液、变质热液→岩浆热液。

（6）不同中段、不同矿体的黄铁矿 ΣREE 较低，有向右倾的轻稀土富集，有两组 Eu 正异常与负异常，Ce 一般呈现弱负异常，也少量存在弱正异常。Eu 的异常根据高程从上至下可呈现热液作用、火山作用→火山作用为主→热液、火山、岩浆作用→热液作用、岩浆作用的规律。Ce 的负异常说明海水参与成矿，而 Ce 的负异常与 Eu 的正异常说明深部热液流体与海水互相作用。

（7）老厂矿床的硫主要来自岩浆，其中可能为玄武岩喷发或者花岗斑岩侵入。也大致反映了热液活动主要为中高温 250~300℃。

（8）根据 Pb 同位素示踪，老厂矿床 Pb 来源复杂，有火山、岩浆，也有造山带及地层等各种因素综合影响叠加。根据 H、O 同位素可知，矿床在火山期以岩浆水为主，后期则有大气降水（海水），在斑岩期后，以大气降水为主；C、O 同位素特征表示成矿流体以地幔来源岩浆水为主，存在少量的大气降水及海水，其中幔源岩浆水明显参与成矿。

（9）火山岩的年龄为（323.6±2.8）Ma，花岗斑岩的年龄为（44.6±1.1）Ma，辉钼矿成矿年龄为（43.78±0.78）Ma。铅锌矿体分为两部分，顶部1930中段成矿年龄为（308±25）Ma，1725中段成矿年龄为（45.0±3.6）Ma。深部（1625m中段）似层状铅锌矿体（含大量含铜黄铁矿）获得模式年龄30.5Ma，单一年龄从300多Ma到30多Ma。

（10）老厂矿床存在两套成矿系统：早石炭世火山作用成矿系统和喜山期花岗斑岩侵入作用成矿系统。与以前的成矿模式对比，此次研究的突破是，确定了早石炭世的成矿，主要成矿元素为Ag、Pb、Zn，火山喷流沉积主要于下石炭统依柳组内呈层状似层状矿体，在褶皱转折段与褶皱同弯曲呈鞍状；肯定了斑岩成矿系统的存在，在喜马拉雅期造山运动中，花岗斑岩侵入，斑岩成矿系统的成矿元素为Pb、Zn、Cu、Mo、Ag、Au，其中此类铅锌矿主要产于矽卡岩带以上岩体外围，呈脉状或在层间破碎带中的似层状矿体；铜钼矿主要产于矽卡岩带及花岗斑岩内。

（11）老厂矿床形成的成矿动力学背景分别是在早石炭世—晚三叠世的古特提斯演化阶段的自早石炭世开始打开，形成三个主支之一的澜沧江—昌宁孟连洋火山喷流成矿地质作用（边缘裂谷VMS型Ag-Pb-Zn矿床），及喜山期印度—亚洲碰撞事件的后碰撞火成岩-构造组合及矿床（新生代斑岩+矽卡岩型Cu-(Mo)矿床）。

（12）对于火山成矿地质作用形成的矿体，应在现有工程的东部区域进行工作，目前的工程区域仅是老厂背斜的西翼，核部转折端都还在已有探矿工程的东面。可见在153勘探线剖面图和1650中段平面图找斑岩侵入成矿地质作用形成的矿体，找到隐伏斑岩及其外围接触带，以及与斑岩联通的断裂构造，这些断裂既是导矿构造，又可能是容矿构造。应重点关注F1和F3，即斑岩接触带，现在发现的斑岩的西侧可能是碳酸盐岩与斑岩接触，更加利于成矿。

参 考 文 献

［1］ 范承均. 澜沧老厂铅锌矿成因及区域地质背景的探讨 ［J］. 云南地质, 1985, 4 （1）: 1-16.

［2］ 周凤禄. 澜沧老厂铅锌银矿床成矿条件浅识 ［J］. 西南矿产地质, 1991, 5 （2）: 16-29.

［3］ 薛步高. 对澜沧老厂铅锌矿成因的讨论 ［J］. 云南地质, 1989, 8 （2）: 181-188.

［4］ 薛步高. 论澜沧老厂银铅多金属矿床成矿特征 ［J］. 矿产与地质, 1998, 12 （1）: 26-32.

［5］ 欧阳成甫, 徐楚明. 云南澜沧老厂洼型银铅矿床的地球化学特征及成因 ［J］. 大地构造与成矿学, 1991, 15 （4）: 317-326.

［6］ 欧阳成甫, 徐楚明. 云南澜沧老厂银铅矿区隐伏花岗岩体预测及其意义 ［J］. 大地构造与成矿学, 1993, 17 （2）: 119-126.

［7］ 龙汉生, 罗泰义. 云南澜沧老厂大型银多金属矿床单颗粒闪锌矿、黄铁矿 Rb-Sr 测年及地质意义 ［J］. 矿物岩石地球化学通报, 2008, 27 增: 322-323.

［8］ 李峰, 鲁文举. 云南澜沧老厂斑岩钼矿成岩成矿时代研究 ［J］. 现代地质, 2009, 23 （6）: 1049-1055.

［9］ 李峰, 鲁文举, 杨映忠, 等. 危机矿山成矿规律与找矿研究——以云南澜沧老厂矿床为例 ［M］. 昆明: 云南科技出版社, 2010.

［10］ 李峰, 鲁文举. 云南澜沧老厂多金属矿床矿化系统结构及找矿思路 ［J］. 地质科技情报, 2009, 28 （6）: 45-50.

［11］ Kish S, Stein H. The timing of ore mineralization, Viburnum Trend, southeast Missouri lead district-Rb-Sr glauconite dating ［J］. Geological Society of America Abstracts with Programs, 1979, 11: 458.

［12］ Stein H J, Kish S A. The timing of ore formation in Southeast Missouri: Rb-Sr glauconite dating at the Magmont Mine, Viburnum Trend ［J］. Economic Geology, 1985, 80 （3）: 739-753.

［13］ Nakai S, Halliday A N. Rb-Sr dating of sphaleritesfrom Tennessee and the genesis of Mississippi valley type ore deposits ［J］. Nature, 1990, 346: 354-357.

［14］ Nakai S, Halliday A N, Kesler S E, et al. Rb-Sr dating of sphalerites from Mississippi Valley-type （MVT） ore deposits ［J］. Geochimica et Cosmochimica Acta, 1993, 57 （2）: 417-427.

［15］ Brannon J C, Podosek F A, McLimans R K. Alleghenian age of the Upper Mississippi Valley zinc-lead deposit determined by Rb-Sr dating of sphalerite ［J］. Nature, 1992a, 356 （6369）: 509-511.

［16］ Slack J F, Palmer M R, et al. Sm-Nd dating of the giant Sullivan Pb-Zn-Ag deposit, British Columbia ［J］. Geology, 2000, 28 （8）: 751-754.

［17］ York D, Masliwec A, Hall C, et al. The direct dating of ore minerals ［J］. Ontario Geological Survey Misc Pap, 1981, 98: 334-340.

［18］ Stein H J, Kish S A. The significance of Rb-Sr glauconite ages, Bonneterre Formation, Missouri: Late Devonian-Early Mississippian brine migration in the midcontinent ［J］. Journal of

Geology, 1991, 99 (3): 468-481.

［19］Hay R L, Liu J, Barnstable D C, et al. Dates and mineralogical results from clay pods of Mine 29 and sweetwater Mine, Vibrurnum Trend, Missouri. International field Conference on Carbonate-Hosted Lead-Zinc Deposits., Louis Missouri, 1995.

［20］Ravenhurst C E, Willett S D, Donelick R A, et al. Apatite fission track thermochronometry from central Alberta: Implications for the thermal history of the Western Canada Sedimentary Basin [J]. JOURNAL OF GEOPHYSICAL RESEARCH, 1994, 99 (B10): 20023-20041.

［21］Christensen J N, Halliday A N, Leigh K E, et al. Direct dating of sulfides by Rb-Sr: A critical test using the Polaris Mississippi Valley-type Zn-Pb deposit [J]. Geochimica et Cosmochimica Acta, 1995a, 59 (24): 5191-5197.

［22］Pettke T, Diamond L W. Rb-Sr dating of sphalerite based on fluid inclusion-host mineral isochrons; a clarification of why it works [J]. Economic Geology, 1996, 91 (5): 951-956.

［23］Brannon J C, Cole S C, Podosek F A, et al. Th-Pb and U-Pb Dating of Ore-Stage Calcite and Paleozoic Fluid Flow [J]. Science, 1996a, 271 (5248): 491-493.

［24］Grandia F, Asmerom Y, Getty S, et al. U-Pb dating of MVT ore-stage calcite: implications for fluid flow in a Mesozoic extensional basin from Iberian Peninsula [J]. Journal of Geochemical Exploration, 2000, 69-70: 377-380.

［25］薛春纪, 陈毓川, 王登红, 等. 滇西北金顶和白秧坪矿床: 地质和 He, Ne, Xe 同位素组成及成矿时代 [J]. 中国科学 (D 辑), 2003, 33 (4): 315-322.

［26］姚军明, 华仁民, 屈文俊, 等. 湘南黄沙坪铅锌钨钼多金属矿床辉钼矿的 Re-Os 同位素定年及其意义 [J]. 中国科学 (D 辑), 2007, 37 (4): 471-477.

［27］黄智龙, 李文博, 陈进, 等. 云南会泽超大型铅锌矿床 C、O 同位素地球化学 [J]. 大地构造与成矿学, 2004, 28 (1): 53-59.

［28］李文博, 黄智龙, 王银喜, 等. 会泽超大型铅锌矿田方解石 Sm-Nd 等时线年龄及其地质意义 [J]. 地质论评, 2004a, 1 (50): 189-195.

［29］李秋立, 陈福坤, 王秀丽, 等. 超低本底化学流程和单颗粒云母 Rb-Sr 等时线定年 [J]. 科学通报, 2006, 51 (3): 321-325.

［30］韩以贵, 李向辉, 张世红, 等. 豫西祁雨沟金矿单颗粒和碎裂状黄铁矿 Rb-Sr 等时线定年 [J]. 科学通报, 2007, 52 (11): 1307-1311.

［31］张长青, 李向辉, 余金杰, 等. 四川大梁子铅锌矿床单颗粒闪锌矿铷-锶测年及地质意义 [J]. 地质论评, 2008, 54 (4): 532-538.

［32］戴自希. 世界铅锌资源的分布、类型和勘查准则 [J]. 世界有色金属, 2005 (3).

［33］陈喜峰, 彭润民. 铅锌矿床类型划分评析 [J]. 化工矿产地质, 2007, 29 (4).

［34］陈喜峰, 彭润民. 中国铅锌矿资源形势及可持续发展对策 [J]. 有色金属, 2008, 60 (3).

［35］方明辉. 我国铅锌矿山的现状发展及建议 [J]. 有色金属工业, 1997, (8).

［36］王增润, 吴延之. 滇西澜沧裂谷成矿作用兼论老厂大型铜铅银矿床成因 [J]. 矿产与勘

查，1992，1（4）：207-215.

[37] 杨开辉，侯增谦. "三江"地区火山成因块状硫化物矿床的基本特征与主要类型 [J]. 矿床地质，1992，11（1）：35-44.

[38] 陈惜华，胡洋昭. 滇西澜沧—孟连火山岩带火山岩特征与成因 [J]. 中南矿冶学院学报，1992，23（1）：1-7.

[39] 冯庆来，刘本培. 滇西南昌宁—孟连构造带火山岩地层学研究 [J]. 现代地质，1993，7（4）：402-409.

[40] 莫宣学，路凤香，沈上越，等. 三江特提斯火山作用与成矿 [M]. 北京：地质出版社，1993.

[41] Bralia A, Sabatini G, Troja F. A revaluation of the Co/Ni ratio in pyrite as geochemical tool in ore genesis problems [J]. Mineralium Deposita, 1979, 14（3）：353-374.

[42] Brill B A. Trace-element contents and partitioning of elements in ore minerals from the CSA Cu-Pb-Zn Deposit, Australia, and implications for ore genesis [J]. Canadian Mineralogist, 1989, 27（2）：263-274.

[43] Zhang Q. Trace Elements in Galena And Sphalerite And Their Geochemical Significance in Distinguishing the Genetic Types of Pb-Zn ore deposits [J]. Geochemisty, 1987, 6（2）：177-190.

[44] Song X. Minor elements and ore genesis of the Fankou lead-zinc deposit, China [J]. Mineralium Deposita, 1984, 19（2）：95-104.

[45] Murao S, Furuno M, Uchida A C. Geology of indium deposits：A review [J]. Mining Geology, 1991, 41：1-13.

[46] Yi W, Halliday A N, Lee D C. Indium and tin in basalsts, sulfides and the mantle [J]. Geochimi Cosmochim Acta, 1995, 59（24）：5081-5090.

[47] Seifert T, Sandmann D. Mineralogy and geochemistry of indium-bearing polymetallic vein-type deposits：Implications for host minerals from the Freiberg district, Eastern Erzgebirge, Germany [J]. Ore Geology Reviews, 2006, 28（1）：1-31.

[48] Mills R A, Elderfield H. Rare earth element geochemistry of hydrothermal deposits from the active TAG Mound, 26 [degree sign] N Mid-Atlantic Ridge [J]. Geochimica et Cosmochimica Acta, 1995, 59（17）：3511-3524.

[49] Zhao K D, Jiang S Y. Rare earth element and yttrium analyses of sulfides from the Dachang Sn-polymetallic ore field, Guangxi Province, China：Implication for ore genesis [J]. Geochemical Journal, 2007, 41（2）：121-134.

[50] 陈懋弘，吴六灵，Phillip J Uttley，等. 贵州锦丰（烂泥沟）金矿床含砷黄铁矿和脉石英及其包裹体的稀土元素特征 [J]. 岩石学报，2007，23（10）：2423-2433.

[51] Gao J G. Geochemical discrimination of the geotectonic environment of basaltic-andesitic volcanic rocks associated with the Laochang polymetallic ore deposit at Lancang, Yunnan [J]. 2006.

[52] Zhu C H, Zhang Q, Shao S X, et al. Sea-floor exhalative sedimentary and magmatic hydro-

thermal superimposition on the Bainiuchang polymetallic deposit in Yunnan Province：REE geochemical evidence ［J］. Chinese Journal of Geochemistry, 2007, 26（3）：267-275.

［53］ Mitra A, Elderfield H, Greaves M J. Rare earth elements in submarine hydrothermal fluids and plumes from the Mid-Atlantic Ridge ［J］. Marine Chemistry, 1994, 46（3）：217-235.

［54］ 龙汉生, 蒋绍平. 云南澜沧老厂大型银铅锌多金属矿床地质地球化学特征 ［J］. 矿物学报. 2007, 27（3/4）：360-365.

［55］ Ohmoto H. Stable isotope geochemistry of ore deposits ［J］. Reviews in Mineralogy and Geochemistry, 1986, 16（1）：491-559.

［56］ Sheppard S M F. Characterization and isotopic variations in natural waters ［J］. Reviews in Mineralogy and Geochemistry, 1986, 16（1）：165-183.

［57］ 叶庆同, 胡云中, 杨岳清. 三江地区区域地球化学背景和金银铅锌成矿作用 ［M］. 北京：地质出版社, 1992：191-217.

［58］ 李虎杰, 田煦, 易成发. 云南澜沧铅锌银铜矿床稳定同位素地球化学研究 ［J］. 有色金属矿产与勘查, 1995, 4（5）：278-282.

［59］ 戴宝章. 云南兰坪—思茅盆地火山岩熔矿铜多金属矿床地球化学研究 ［D］. 南京：南京大学. 2004.

［60］ 彭寿增. 试论澜沧含银铅锌矿带的成矿地质条件 ［J］. 云南地质, 1984, 3（2）：124-130.

［61］ 陈元琰. 云南老厂火山岩型银铅锌铜矿床地质特征及成因 ［J］. 桂林理工大学学报, 1995, 15（2）：124-130.

［62］ 陈觅, 黄智龙. 滇西澜沧老厂地区玄武岩岩石成因与构造意义 ［J］. 矿物学报, 2011, 31（1）：55-61.

［63］ 李雷, 段嘉瑞, 李峰, 等. 澜沧老厂铜多金属矿床地质特征及多期同位成矿 ［J］. 云南地质, 1996, 15（3）：246-256.

［64］ 李峰, 陈珲. 云南澜沧老厂花岗斑岩形成年龄及地质意义 ［J］. 大地构造与成矿学, 2010, 34（1）：84-91.

［65］ Faure G. Principles of isotope geology ［M］. New York：John Wiley & Sons, 1977.

［66］ 杜安道, 何红蓼, 殷宁万, 等. 辉钼矿的铼-锇同位素地质年龄测定方法研究 ［J］. 地质学报, 1994, 68（4）：339-347.

［67］ 屈文俊, 杜安道. 高温密闭溶样电感耦合等离子体质谱准确测定辉钼矿的铼-锇地质年龄 ［J］. 岩矿测试, 2003, 22（4）：254-257.

［68］ 叶庆同, 胡云中, 杨清. 三江地区区域地球化学背景和金银铅锌成矿作用 ［M］. 北京：地质出版社, 1992：55-83.

［69］ 王增润, 吴延之. 滇西澜沧裂谷成矿作用兼论老厂大型铜铅银矿床成因 ［J］. 有色金属矿产与勘查, 1992（4）：207-215.

［70］ 赵一鸣. 交代岩分类及其含矿性初探 ［J］. 矿床地质, 1986, 04.

［71］ 涂光炽. 矿床地球化学 ［M］. 北京：地质出版社, 1997：1-11.

［72］赵斌. 中国主要矽卡岩及矽卡岩矿床［M］. 北京：科学出版社，1989：1-6.

［73］吴言昌. 论岩浆矽卡岩———一种新类型矽卡岩［J］. 安徽地质，1992，1（2）：12-26.

［74］林新多. 岩浆成因矽卡岩的某些特征及形成机制初探［J］. 现代地质，1989，3（3）：351-358.

［75］许国建. 安徽长龙山矽卡岩浆型铁矿成因探讨［J］. 地球科学，1990，15（6）：649-656.

［76］张叔贞，凌其聪. 矽卡岩浆型铜矿床特征———以安徽铜陵东狮子山铜矿床为例［J］. 地球科学，1993，18（6）：801-809.

［77］Berg Larsen R. Tungsten skarn mineralization in a regional met amorphic terrain in northern Norway：A possible met amorphic ore deposit［J］. Mineral Deposits，1991，26：281-289.

［78］李福东，张汉文，宋治杰. 鄂拉山地区热液成矿模式［M］. 西安：西安交通大学出版社，1993：276-300.

［79］赵斌. 接触交代夕卡岩型矿床中石榴子石和辉石成分特点及其与矿化的关系［J］. 矿物学报，1987，01.

［80］赵斌，矽卡岩形成的物理化学条件实验研究［J］. 地球化学，1983（9）：7.

［81］ATKINSON W W J R，EINAUDI M T. Skarn formation andmineralization in the Contact Aureole at Carr Fork，Bingham，Utah［J］. Economic Geology，1978，73（7）：1326-1365.

［82］张景森，张静，周俊杰. 矽卡岩和矽卡岩型矿床研究方法［J］. 河北工程大学学报，2009（26）.

［83］肖成东，刘学武. 东蒙地区夕卡岩石榴石稀土元素地球化学及其成因［J］. 中国地质，2008.

［84］凌其聪，程惠兰. 岩浆夕卡岩的地质特征及其形成机制讨论［J］. 长春科技大学学报，1998.

［85］艾永富，牟保磊. 内蒙黄岗—甘珠尔庙成矿带夕卡岩与成矿［M］. 北京：北京大学出版社，1990：5-15.

［86］马生明，朱立新，刘崇民. 斑岩型 Cu（Mo）矿床中微量元素富集贫化规律研究［J］. 地球学报，2009，30（6）.

［87］Gresents R L. Composition-volume relationship of metasonmatism［J］. Chem Geology，1967，2：47-55.

［88］Grant J A. The isocon diagram-a simple solution to Gresent equation for metasonmation alteration［J］. Economic Geology，1986，81：1976-1982.

［89］艾金彪. 斑岩型矿床元素质量迁移定量探讨［D］. 北京：中国地质科学院，2013.

［90］周永章，卢焕章. 河台金矿构造变形、热液围岩蚀变及元素质量迁移［J］. 广东地质，1995，10（3）.

［91］张可清，杨勇. 蚀变作用的多原岩系统及质量平衡［J］. 地质科技情报，2002，21（2）：61-64.

[92] 傅德彬，钟学铸. 试论岩石在交代过程中物质迁移数量的计算方法 [J]. 地质论评，1981，27（1）：46-50.

[93] 黄智龙，王联魁. 云南老王寨金矿煌斑岩蚀变、矿化过程中元素活动规律 [J]. 岩石矿物学杂志，1997，16（1）：10-21.

[94] 张生，李统锦，陈义兵. 长坑矿床矿化过程中元素的质量迁移及金银关系 [J]. 地质找矿论丛，1997，12（3）：33-40.

[95] 丰成友，赵一鸣，李大新. 青海西部祁漫塔格地区矽卡岩型铁铜多金属矿床的矽卡岩类型和矿物学特征 [J]. 地质学报，2011，85（7）：1108-1115.

[96] 王琦，艾永富. 内蒙古白音诺铅锌矿床富锰单斜辉石与矿化的关系 [J]. 北京大学学报（自然科学版），1995.3（1）.

[97] 叶庆同，胡云中，杨清，等. 三江地区区域地球化学背景和金银铅锌成矿作用 [M]. 北京：地质出版社，1992.

[98] 杨帆，李峰，陈珲，等. 云南澜沧老厂隐伏花岗斑岩体地球化学特征及构造环境 [J]. 岩石矿物学杂志，2012，31（1）：39-49.

[99] 李峰，陈珲，鲁文举，等. 云南澜沧老厂花岗斑岩形成年龄及地质意义 [J]. 大地构造与成矿学，2010，34（1）：84-91.

[100] 龙汉生，蒋邵平，石增龙，等. 云南澜沧老厂大型银铅锌多金属矿床地质地球化学特征 [J]. 矿物学报，2007，27（3）：360-365.

[101] 李峰，鲁文举，杨映忠，等. 云南澜沧老厂多金属矿床矿化结构及成矿模式 [J]. 地质与勘探，2009，45（5）：516-523.

[102] 邓海琳，涂光炽，李朝阳，等. 地球化学开放系统的质量平衡：1. 理论 [J]. 矿物学报，1999，19（2）：121-131.

[103] Grant J A. Isocon analysis：A brief review of the method and applications [J]. Physics and Chemistry of the Earth，2005，30：997-1004.

[104] Mac Lean W H. Mass changes calculations in altered rock series [J]. Mineralium Deposita，1990，25：44-49.

[105] Urqueta E，Kyser K T，Clark A H，et al. Lithogeochemistry of the Collashuasi porphyry Cu-Mo and epithermal Cu-Ag（-Au）cluster，northern Chile：Pearce element ratio vectors to ore [J]. Geochemistry：Exploration，Environment Analysis，2009，9：9-17.

[106] 张可清，杨勇，等. 蚀变岩质量平衡计算方法介绍 [J]. 地质科技情报，2002，21（3）：104-107.

[107] 车自成，刘良，罗金梅. 中国及其邻区区域大地构造学 [M]. 北京：地质出版社，2002：79-104.

[108] 刘友梅，杨蔚华. 澜沧老厂银多金属矿床火山岩地球化学特征及环境识别 [J]. 矿物学报，2001（04）：4.

[109] 刘本培，冯庆来，方念乔，等. 滇西南昌宁—孟连带和澜沧江带古特提斯多岛洋构造演化 [J]. 地球科学，1993，18（5）：524-538.

［110］ 丁式江，翟裕生，邓军. 胶东焦家金矿蚀变岩中元素的质量迁移［J］. 地质与勘探，2000，36（4）：28-31.

［111］ 徐林刚，毛景文，杨富全，等. 新疆蒙库铁矿床矽卡岩矿物学特征及其意义［J］. 矿产地质，2007，26（4）：455-463.

［112］ 牛晓露，陈斌，马旭. 河北矾山杂岩体中单斜辉石的研究［J］. 岩石学报，2009，25（2）：359-373.

［113］ 徐清扬，徐九华，张国瑞. 冀西北黄土梁金矿床的蚀变岩地球化学与成矿流体特征［J］. 矿物学报，2012：513-514.

［114］ 李晓春，范洪瑞，胡芳芳. 胶东三山岛金矿蚀变岩地球化学研究［J］. 矿物学报，2011：43-44.

［115］ 高雪，邓军，等. 滇西红牛矽卡岩型铜矿床石榴子石特征［J］. 岩石学报，2014，30（9）：2695-2708.

［116］ 陈觅，黄智龙，等. 滇西澜沧老厂大型银铅锌多金属矿床火山岩锆石 SHR IMP 定年及其地质意义［J］. 矿物学报，2010，30（4）：456-462

［117］ Scheibner B，Worner G，Civetta L，et al. Rare earth element fractionation in magmatic Ca-rich Garnets［J］. Contrib Mineral Petrol，2007，154：55-74.

［118］ Wang Q F，Deng J，Wan L，et al. Multifractal Analysis of Element Distribution in Skarn-type Deposits in the Shizishan Orefield，Tongling Area，Anhui Province，China［J］. Acta Geologica Sinica，2008，82（4）：896-905.

［119］ Pueyo J，Cardellach E，Bitzer K，et al. Proceedings of geofluids［J］. Geochem. Explor，2000，83：69-70.

［120］ Miguel Caspar，Charles Knaack，Lawrence D Meinert. REE in skam systems：ALA-ICP-MS study of garnets from the Crown Jewel gold deposit［J］. Science Direct，2007，72：185-205.

［121］ Bijwaard H，Spakman W. Tomographic evidence for a narrow whole mantle plune below Iceland［J］. Earth Planet Sci Lett，1999，166：121-126.

［122］ Henderson Porphyry Molybdenum System，Colorado：Ⅱ. Decoupling of Introduction and Deposition of Metals during Geochemical Evolution of Hydrothermal Fluids［J］. Economic Geology，2005，99（1）：39-72.

［123］ 滕传耀. 安徽安庆铜铁矿床矽卡岩成矿作用研究［D］. 北京：中国地质大学，2013.

［124］ 刘南. 宁镇中段矽卡岩型铜多金属矿床成矿物质来源及找矿方向研究［D］. 长沙：中南大学，2010.

［125］ 于淼. 青海尕林格铁矿矽卡岩矿物学及矿化蚀变分带特征研究［D］. 北京：中国地质大学，2013.

［126］ 陈伟. 西藏甲玛、努日铜多金属矿床矽卡岩矿物学特征对比研究［D］. 成都：成都理工大学，2013.

［127］ 赵俊兴. 冈底斯北缘主碰撞期沙让-亚圭拉斑岩-矽卡岩钼铅锌银成矿作用［D］. 北京：中国科学院大学，2013.

[128] 郑震. 安徽冬瓜山铜矿床矽卡岩岩相学和矿物学研究 [D]. 北京：中国地质大学，2012.

[129] 靳纪娟. 滇西保山核桃坪铅锌矿床类矽卡岩矿物特征及成因研究 [D]. 昆明：昆明理工大学，2010.

[130] 王建荣. 滇西保山核桃坪铅锌矿床的矽卡岩成因 [D]. 昆明：昆明理工大学，2010.

[131] 胡受奚，叶瑛，方长泉. 交代蚀变岩岩石学及其找矿意义 [M]. 北京：地质出版社，2003.

[132] 贺高品. 运用岩石化学方法恢复变质岩原岩类型的一些问题 [J]. 岩石矿物及测试，1984（3）.